奶牛高效繁殖原理及调控技术

马　毅　主编

U0246468

中国农业出版社

农村读物出版社

北　京

图书在版编目（CIP）数据

奶牛高效繁殖原理及调控技术 / 马毅主编 . —北京：
中国农业出版社，2022.9
ISBN 978 - 7 - 109 - 29743 - 2

Ⅰ.①奶…　Ⅱ.①马…　Ⅲ.①乳牛－家畜繁殖　Ⅳ.
①S823.93

中国版本图书馆 CIP 数据核字（2022）第 129765 号

中国农业出版社出版

地址：北京市朝阳区麦子店街 18 号楼
邮编：100125
责任编辑：刘　伟　　文字编辑：尹　杭
版式设计：杨　婧　　责任校对：沙凯霖　　责任印制：王　宏
印刷：中农印务有限公司
版次：2022 年 9 月第 1 版
印次：2022 年 9 月北京第 1 次印刷
发行：新华书店北京发行所
开本：800mm×1230mm　1/32
印张：7
字数：190 千字
定价：48.00 元

编 写 人 员

主　　编：马　毅

副 主 编：李守军　赵明礼

参编人员（按姓氏笔画排序）：

丁向斌　王雅晶　付树滨

江中良　林　峰

Contents

目　　录

第一章　奶牛营养与繁殖

奶牛的繁殖是奶牛生产的重要组成部分，营养因素对提高奶牛繁殖效率起着重要作用，能量、蛋白质、矿物质和维生素等对奶牛的繁殖来说都是非常重要的营养物质，必须在日粮中得到科学的平衡。合理的营养调控管理对于最大限度地提高奶牛的繁殖成绩十分重要。奶牛的繁殖周期可分为配种准备期、配种期、妊娠期和泌乳期，奶牛在每个阶段的生理特点和营养需求各不相同。相对于家畜其他生产生理活动的研究，繁殖的营养研究比较少，确定繁殖的营养需要也更困难，相比于其他家畜，关于奶牛的繁殖营养研究更少。本章阐述了营养对奶牛繁殖周期各阶段影响的基本规律、繁殖周期中母牛和胎儿的营养调控基础，以及妊娠期和围产期奶牛的营养需要特点等。

第一节　能量与奶牛繁殖

1. 能量

（1）能量来源　能量可以定义为做功的能力。奶牛的所有活动，如呼吸、心跳、生长、产乳和繁殖等都需要能量。奶牛所需要的能量主要来源于饲料中的碳水化合物、脂肪和蛋白质，这三大养分的化学键中贮存着奶牛所需要的化学能。饲料进入奶牛体内后经过一系列的消化吸收，化学能可以转化为热能（脂肪、葡萄糖或氨基酸氧化）或机械能（肌肉活动），从而满足奶牛对能量的需求。

奶牛饲料的能量来源主要是碳水化合物，因为碳水化合物在常用的植物性饲料中含量最高，来源丰富；脂肪的有效能值约为碳水化合物的 2.25 倍，但在饲料中含量较少，不是主要的能量来源；蛋白质用作能源的利用效率较低，并且蛋白质在动物体内不能被完全氧化，氨基酸脱氨过程中产生的氨过多，对动物机体有害，因而，蛋白质不宜直接作为奶牛的能源物质使用。

（2）奶牛养殖中使用的能量体系　奶牛养殖中使用的是产乳净能体系（Moe et al，1972），维持和产乳的能量需要以产乳净能（NEL）的形式表示。能量在动物体内的转化过程见图 1-1。奶牛使用的饲料能值也用 NEL 表示。在计算奶牛日粮配方中的能量水平时，饲料的 NEL 用来表示奶牛维持、产乳、妊娠以及体沉积的能量需要。

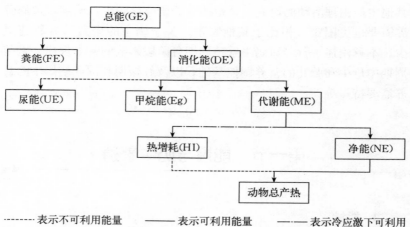

-------- 表示不可利用能量　——— 表示可利用能量　——·—— 表示冷应激下可利用

图 1-1　饲料能量在动物体内转化

2. 奶牛的能量平衡与繁殖　奶牛能量平衡和繁殖之间的关系遵循生物学的核心统一法则——综合进化理论。根据这一理论，我们在现存种群中观察到的生理机制是自然选择作用于祖先种群中随机遗传变异的结果。因此，控制能量摄入、储存和消耗的机制之所以一直存在，是因为这些机制在某种程度上是可遗传的，使奶牛能够生存到性成熟，并获得生殖优势。活细胞需要源源不断的原料来进行生物合成和新陈代谢，但食物的供应和奶牛的能量需求在大多数情况下都是波动的，大多数生物停止进食时，它们会进行其他行为（繁殖）以延续物种。当奶牛消化道是空的时，身体就会依赖内部和外部储存的能量和营养（体脂和储存的饲料）。奶牛在早期进化过程中，具有在体内储存大量能量的能力以及抑制采食行为的机制，从而使其能够进行其他提高繁殖成功率的活动。奶牛的哺乳和体温调节行为是最耗费能量的行为。在生育后代之前，一些奶牛会吃得更多，并将多余的能量以脂类的形式储存在脂肪组织中，这些储存的能量随后被转移到哺乳时的能量需求中。因此，奶牛控制能量平衡的机制与控制繁殖的机制是相互交织在一起的。

监测内部和外部能量的可用性是奶牛繁殖和能量平衡之间的主要联系。奶牛能够根据能量和繁殖条件的波动，做出最优的行为选择。例如，当食物充足而能量需求较低时，能量可立即用于生存所需的全部过程，包括蛋白质生物合成、维持血液中离子浓度梯度、清除废物、产生热量、行走、觅食、消化和吸收。能量的优先利用包括生长、免疫功能和繁殖功能等，多余的能量会以脂质的形式储存在脂肪组织中。相反，当能量缺乏时，分配能量的生理机制将倾向于那些确保个体生存的过程，而不是那些促进生长、寿命和繁殖的过程：促进觅食、囤积和采食行为的生理过程将优先于繁殖，因为繁殖过程耗费的能量更大，当个体的生存受到威胁时，繁殖过程可能会被推迟。例如，在食物供应不足、体温调节需求旺盛的季节，一些哺乳动物的性腺退化，性行为不活跃。繁殖活动期和静止期的相互交替因物种而异，但一般来说，大多数生物体在能量充足时比能量缺乏时更倾向于繁殖，例如奶牛。

3. 奶牛下丘脑-垂体-性腺（HPG）系统的能量效应 大量的化学信号和代谢过程参与维持能量平衡。考虑到能量平衡机制与繁殖有着密切关系，相关的化学信号和代谢过程也同样可影响生殖过程，如 HPG 系统。图 1-2 A 显示了奶牛在能量供应充足时 HPG 系统的功能。HPG 系统的主要控制单元是促性腺激素释放激素（GnRH）神经元，这些细胞体位于从视神经前区（POA）到下丘脑弓状核（Arc）的区域。GnRH 有两种分泌方式：在卵泡期，低浓度的雌激素（E）对 GnRH 和促黄体激素（LH）分泌有负反馈作用，此时 GnRH 分泌采用的是脉冲模式，E 将 GnRH 和 LH 的分泌限制在较低水平；在将要排卵的时期，高浓度的 E 对 GnRH 产生正反馈作用，会使 GnRH 的分泌出现激增模式。每一次 Gn-RH 脉冲会导致垂体前叶释放一次 LH，同时释放促卵泡素（FSH）（Clarke and Cummins，1982）。这些 LH 和 FSH 的分泌调节对卵泡发育和类固醇激素分泌至关重要。E 水平的升高对 GnRH 和 LH 有积极的反馈作用，而这些作用是促黄体激素分泌水平的激增所需要的，从而触发排卵（图 1-2A）。

食物缺乏时，会导致 HPG 系统在多种水平上受到抑制（图 1-2B）。在食物缺乏或食物紧缩时，GnRH 脉冲治疗可恢复促黄体激素的脉冲分泌、卵泡发育和排卵。代谢压力改变了 GnRH、LH 和 FSH 的激增发生规律，但不影响 LH 的脉冲性分泌。在能量匮乏条件下，GnRH 的基因表达、免疫反应水平没有改变，这可能预示着神经元抑制了 GnRH 的释放。抑制 GnRH 分泌会导致一系列的抑制作用，包括促性腺激素分泌减少、卵泡发育迟缓、促性腺激素合成受到抑制等。

4. 能量对奶牛摄食和繁殖行为的影响 代谢信号、激素和神经肽通过优先选择行为，即通过改变繁殖或进食行为的动机来增加繁殖成功机会。有研究表明，神经肽、激素和代谢信号并不会普遍影响奶牛对食物的摄取或性行为，但它们为了生存和繁殖成功可能会影响性行为动机（Leslie et al，2001）。

能量、蛋白质、维生素、微量矿物质摄入不足等都与奶牛繁殖性能不佳有关，其中能量平衡可能是与奶牛繁殖性能相关的最重要的营养因素。

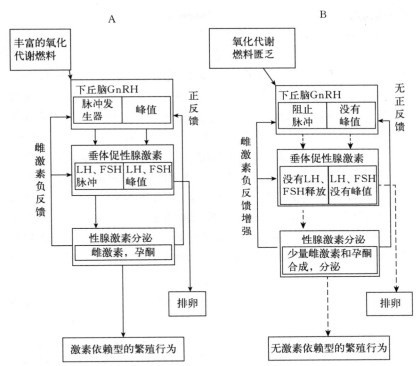

图 1-2　HPG 系统的调节示意图

A. 当有丰富的代谢燃料时 HPG 系统的调节

B. 代谢燃料匮乏时 HPG 系统的调节

5. 奶牛能量负平衡与繁殖　近些年来，奶牛在基因育种改良、奶牛营养和奶牛管理等方面的研究取得了较好的发展，显著地提升了整体奶牛养殖行业的单产水平。但我们也不能忽视一个事实，这些经济上有利的发展也带来了一些负面影响，如奶牛出现代谢性紊乱和繁殖性能下降等问题。荷兰作为奶业强国，自 1995 年以来，奶牛场受胎率似乎已经稳定下来，荷兰奶农通过推迟产后第一次人工授精时间来巩固受胎率，导致产犊间隔从 1992 年的 393 d 增加到 2002 年的 417 d(Syndicaat，2005)。研究认为，高产乳量的遗传优势选择并不能全部通过增加采食量来获得补偿，从而导致奶牛泌乳早期能量负平衡（NEB）状态的持续加剧。

奶牛能量平衡（EB）可以定义为摄入的净能减去维持和产乳的净能消耗之差。如果能量消耗大于摄入量，则 EB 为负（Heuer et al，2000），奶牛体重下降。大多数关于 EB 对奶牛繁殖性能影响的研究，都是通过估算的摄入日粮净能减去估算的维持所需能量和产乳所需的能量来预测 EB 状态。还有一些研究是利用体重变化或体况评分（BCS）作为奶牛能量状况的指标（Wright et al，1992）。NEB 状态降低了优势卵泡的 LH 分泌水平、生长速度和直径、黄体重量（CL）、近发情期雌二醇和孕酮等激素浓度。奶牛产后第一次发情周期推迟与 NEB 有关，NEB 可导致产后第一次排卵延迟、降低人工授精率以及出现较低的受胎率。研究表明，奶牛泌乳早期的能量状况与疾病发病率的增加有明显的联系，NEB 与产乳量、蹄叶炎、肢蹄病、乳腺炎和代谢性紊乱疾病（如酮症、瘤胃酸中毒和真胃移位）都有着直接或间接的关联。

奶牛泌乳早期的新陈代谢问题，其关键在于摄入的营养和身体储备的 C3（糖源性物质）和 C2（脂源性物质）化合物的利用率不平衡。C2/C3 化合物比例可以通过日粮中的营养成分来控制，如日粮中的脂肪或牧草能够促进瘤胃乙酸和丁酸生成，增加 C2/C3 化合物比例。糖源性营养物质要么在瘤胃中发酵产生丙酸，要么在肠道中以葡萄糖的形式被消化吸收。因此，在日粮中增加糖源性营养物质如谷物、非纤维碳水化合物或丙二醇有望降低 C2/C3 化合物比例。

已有的研究结果表明，改变奶牛日粮成分中的 C2/C3 比例，可以改变血液参数和 EB 状态，并影响奶牛的代谢水平、产乳量、能量平衡和繁殖功能。

6. 干乳期能量过剩与繁殖 营养过剩和营养缺乏都会影响奶牛的繁殖。全年每个阶段（泌乳期、妊娠期、干乳期）的均衡营养对奶牛来说是非常重要的。在泌乳末期或干乳期奶牛往往会摄入过多能量导致肥胖，从而降低了下一胎次的繁殖效率。如

表1-1所示，高营养水平组（在干乳期过度饲喂）与限制饲喂的低营养水平组相比，繁殖效率降低，亚临床酮症和产后瘫痪的发生率较高，但产乳量并没有增加（差异为 0.5 kg/d）。由于脂质分解作用，高营养水平组乳脂含量显著提高 0.9%，这种效应还易导致奶牛脂肪肝的发生。Boisclair(1988) 等也得到了类似的结果。研究者一致认为，在泌乳期的最后阶段应避免过度饲喂，以防止出现过肥牛。在预产期前约两周，应逐步增加精料饲喂量（0.5 kg/d）。

表 1-1 干乳期饲喂不同营养水平对奶牛的繁殖性能和代谢性疾病发生率影响

	高营养水平组：维持需要＋16 kg 标准奶营养需要（%）	低营养水平组：维持需要＋2 kg 标准奶营养需要（%）	差异显著性
延迟子宫复旧	53.6	17.2	＊＊
产后子宫内膜炎	70.8	26.9	＊＊
卵泡囊肿	44.8	18.7	＊
产后首次或两次配种的受胎率	46.4	74.1	＊
产后瘫痪	26.2	6.3	＊
亚临床酮病	65.5	45.5	＊

资料来源：Lotthammer 等（1975）。

注：＊＊代表差异极显著；＊代表差异显著。

7. 日粮中能量来源物质与繁殖的联系 补充脂源性或糖源性营养物质对第一次排卵期、第一次授精后受胎率、怀孕配次和开配天数均可产生一定影响。多种因素导致了补充脂源性和糖源性营养素对奶牛繁殖能力影响的多样性。不同的脂源性物质类型（不同脂肪酸链长度和长链脂肪酸饱和度等）以及糖源性营养物质类型影响胃肠道对营养成分的吸收，进而可能影响繁殖参数。研究发现，不同来源的脂源性或糖源性物质不仅对奶牛的繁殖有一定作用，还对

EB 有影响。这说明日粮能量来源的影响不一定是直接影响了能量的可利用性，还可能是间接地通过日粮能量来源改变了 EB 状态而产生进一步影响。

总之，很难总结出饲喂额外的脂源性或糖源性营养物质对繁殖参数的确切影响。首先，因为不同类型的脂源性或糖源性营养物质及其他养分摄入水平对 EB 的影响，导致在不同试验中得到的结果不是很一致。其次，关于糖源性营养物质添加量与 EB 及繁殖参数的关系研究尚为空白。但已有的研究结果暗示着 C2/C3 化合物比例的平衡对奶牛繁殖性能有很重要的影响。

8. 体况评分（BSC）与繁殖　在泌乳早期，当采食量无法满足奶牛对产乳的需求时，会出现显著的能量损失。有人认为，奶牛能量摄入不足是导致泌乳早期能量损失的主要因素，但也有人认为，奶牛产乳量的增加是体况损失增加的决定因素（Veerkamp and Brotherstone，1997）。此外，在泌乳早期，蛋白质的过度饲喂会加剧奶牛的体况损失，而蛋白质的摄入不足则会影响干物质采食量（DMI）及饲料的消化和转化效率。瘤胃仍然是奶牛饲料摄入和有效利用的关键驱动因素，而饲料的摄入和有效利用都会影响奶牛的整体性能。如果饲喂适当的日粮，泌乳期荷斯坦奶牛很容易消耗超过其体重 3.5% 的日粮干物质，这相当于每天摄入 22～25 kg 干物质，但在很多情况下，干物质的实际摄入量往往达不到每天 20 kg。

大量研究表明身体体况评分（BCS）与奶牛的繁殖性能有关。有研究者注意到爱尔兰牧场在 1991—1998 年之间奶牛的繁殖效率变化，首次配种受胎率由 60% 下降到 54%，产犊间隔由 386 d 增加到 396 d，胎次异常奶牛占总牛群的比例由 13% 增加到 26%，并记录了许多奶牛发情行为较差的表现（Mee，2004）。Butler(1989) 和 Smith(1998) 的研究表明，奶牛在产犊和产后第一次配种之间的 BCS 损失在 0.5 到 1.0 之间，其平均受胎率为 53%，但是，如果 BCS 损失超过 1.0 则受胎率为 17%。因此，牧场需要制定一些策略来改善或阻止奶牛繁殖性能的下降，这些方法必须包括减少能量负平衡和维持 BCS 的饲养管理方法。

Pryce 等（2000）评估了 44 674 份泌乳牛的记录，发现产后 1 个月的 BCS 评分与产犊间隔的遗传相关性为－0.40。另外，虽然产后 1 个月到 4 个月的 BCS 变化与生育能力有很高的遗传相关性，但一头母牛的平均或绝对 BCS 与生育能力的关系更大。低 BCS 对雌性生育能力的负面影响可能是由多种因素造成的，低 BCS 奶牛分娩后至卵巢开始活动的时间较长。Veerkamp 等（2001）使用孕酮测定法来验证黄体活性的开始时间，发现奶牛产后 100 d，黄体活性的开始与体重（与 BCS 高度相关）之间的遗传相关性为－0.54。同样的研究也报告了奶牛分娩至产后 100 d，黄体活性的开始与体重变化之间的遗传相关性为－0.80。

奶牛产后 30～60 d 的 BCS 与生殖性能的关系最为密切，多次进行 BSC 评分可以更加明确这种关系，然而，重复对每一头在特定泌乳期的奶牛进行 BCS 评分可能是不切实际的。因此，将不同泌乳期获得的 BCS 与预定的标准或阈值进行比较，可以为牧场管理人员和技术人员提供参考。如果能够开发一个 BCS 预警系统，可以预测牛群整体水平和单个奶牛的繁殖性能，这将会对牧场的繁殖性能提高有很高的实用价值。

第二节　蛋白质与奶牛繁殖

1. 蛋白质与氨基酸　每种蛋白质分子由特定的含氮氨基酸链构成。作为一种营养物质，蛋白质为动物提供氨基酸来源，然后构建机体所需的蛋白质。每种蛋白质都有其独特的氨基酸序列，这些氨基酸根据细胞核中特定基因的编码按照正确的顺序串在一起。蛋白质是细胞的重要组成成分，在生命过程中起着重要的作用，参与大部分与动物代谢和生命周期相关的化学反应。

然而，如图 1-3 所示，氨基酸在动物体内不仅仅用于动物蛋白质的合成，当其他能量底物受到限制时，氨基酸还可以作为能量来源。这就是处于 NEB 状态的奶牛体重会下降的原因之一：NEB 状态下，奶牛体内的脂肪和蛋白质都被动员起来提供能量。除了用于蛋白质合成，特定的氨基酸还被用来合成其他对机体有益的功能性生物分子，例如：精氨酸被用来合成一氧化氮，而一氧化氮在调节组织血液流动方面起着重要作用；蛋氨酸和赖氨酸用于合成左旋肉碱，其功能是利用脂肪酸在细胞线粒体中产生的能量；蛋氨酸的另一个作用是参与肝脏脂肪分子的输出，防止脂肪肝的发生，且蛋氨酸在 DNA 甲基化过程中也发挥重要作用。

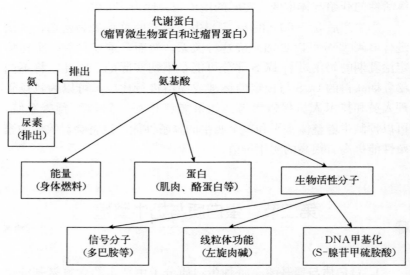

图 1-3 奶牛体内氨基酸的来源和用途

动物可以从其他营养物质中合成氨基酸。在用于合成蛋白质的 20 种氨基酸中，只有 10 种氨基酸能在动物体内合成并满足动物需要。另外 10 种氨基酸被称为必需氨基酸，需要从日粮中获得。必需氨基酸有精氨酸、组氨酸、异亮氨酸、亮氨酸、赖氨酸、蛋氨酸、苯丙氨酸、苏氨酸、色氨酸和缬氨酸。在奶牛中最主要的限制性氨基酸是赖氨酸、蛋氨酸和组氨酸。

日粮中大部分的蛋白质被奶牛瘤胃中的微生物用来合成它们自己需要的营养物质。当这些微生物进入小肠时，微生物蛋白质被分解并被奶牛利用，这部分蛋白被称为微生物蛋白；未被瘤胃微生物利用的日粮蛋白可在小肠内消化，称为过瘤胃蛋白（RUP）。日粮中 RUP 的比例因饲料的不同而有很大差异，范围为 $0\sim80\%$。尿素是由氨衍生出来的，也可以作为一种增加日粮中氨基酸的原料。进入小肠的微生物蛋白和 RUP，大部分以氨基酸的形式被消化吸收到血液中，这部分蛋白质被称为可代谢蛋白质，它代表了奶牛所需的氨基酸供应（图 1-3）。

2. 奶牛蛋白质营养 蛋白质是反刍动物中重要的限制营养物质。为了获得高产性能和开发出奶牛的全部生产潜力，投入高蛋白质含量的饲料已成为奶牛养殖场的普遍做法。然而，许多研究表明，奶牛日粮中蛋白质含量高会导致氮（N）效率降低（日粮中 N/牛奶中 N），并增加通过尿液和牛奶排出的 N 量，导致奶牛的生产效率下降。蛋白质的摄取量是决定 N 效率、减少尿 N 损失，进而决定粪 N 排放的重要因素。减少蛋白质的饲喂可以显著减少奶牛的尿 N 排泄，提高奶牛的 N 利用效率。过量的饲料 N 以尿素的形式经过尿液和泌乳的途径排泄掉，而未消化的 RUP 和代谢 N 经过粪便排出体外。奶牛饲养中 N 的排泄是造成环境污染的主要因素；尿液中的氮比粪便中的氮挥发性更强，可迅速转化为氨。但是，如果日粮营养结构不平衡，减少蛋白质的摄取量也会对生产力产生负面影响。因此，奶牛的营养管理必须慎重考虑营养的摄入和排泄问题。

3. 蛋白质过量对奶牛繁殖的影响 牧场经常使用高蛋白饲料饲喂奶牛以增加产乳量。然而，许多研究认为，增加日粮中的 CP 比例会导致繁殖效率下降。研究表明，喂食过量蛋白质（超过需求量的 $10\%\sim15\%$）的奶牛每次受孕都需要更多的受精次数，产犊间隔也更长（Yasothai，2014）。

氨基酸中的氮在氨基酸降解过程中转化为氨。氨对奶牛体内细胞是有毒的，所以它在奶牛体内被转化为尿素并排泄到尿液中。尿素的合成需要能量，所以给奶牛饲喂过多蛋白质会浪费更多的能量。此外，尿素本身也会损害奶牛生殖功能。饲喂大量蛋白质会降低子宫的 pH，并损害卵母细胞和胚胎的功能。饲喂过量蛋白质对奶牛的能量代谢及卵母细胞、胚胎和子宫功能有不利影响。有研究表明，饲喂高蛋白饲料会延缓产后母牛发情周期的恢复，降低生育能力。表 1-2 展示了一个典型的试验例子，以证明过度饲喂蛋白质的负面影响。在这个试验中，奶牛被饲养在黑麦草牧场，平均在产后 42 d 的时候提供不同粗蛋白（CP）含量的日粮。日粮 1 的 CP 含量最高（22.8%）；日粮 2 和 3 的 CP 含量相同（18.0%），但日粮 3 中的 RUP 比日粮 2 多。与饲喂 18.0%CP 日粮的奶牛相比，饲喂 22.8%CP 日粮的奶牛首次配种日期延迟（$P<0.05$），初次配种受胎率也显著减少（$P<0.05$），奶牛空怀天数有延长的趋势（$P<0.10$）。在两种 18.0%CP 日粮处理组之间，这些变量中没有任何显著差异。

表 1-2　黑麦草牧场蛋白质饲喂对奶牛繁殖功能的影响

	日粮 1 (22.8% CP)	日粮 2 (18.0% CP)	日粮 3 (18.0% CP)
预估 RUP（%）	6.4	5.7	8.5
奶牛数量（头）	58	61	62
首次配种日龄（d）	90	81	79
首次配种受胎率（%）	24	41	39
空怀天数（d）	129	114	114

资料来源：Lean 等（2012）。

在实际操作中，可以通过制定饲料配方来限制过量蛋白质对奶牛繁殖的影响，使 CP 低于 19%，瘤胃可降解蛋白质不超过 10%（Tamminga，2006）。通常建议监测牛奶或血液中的尿素浓度，以评估蛋白质状态。然而，尿素浓度与繁殖效率之间的实际相关性可能很低。在一项使用波兰 19 000 多头奶牛的相关记录的研究中，牛奶中尿素浓度与产犊间隔之间有显著相关性，但 P 值仅为 0.05（Sawa et al，2011）。

4. 蛋白质质量对奶牛繁殖的影响 有研究表明增加日粮中 RUP 比例可以对奶牛繁殖性能产生有益的影响，这可能与降低血浆中尿素浓度有关。RUP 的增加可以提高肠道对氨基酸的吸收利用，这是由于在肠道中降解的氨基酸和多肽很容易被反刍动物吸收利用。研究证实了过量的 RUP 可以刺激胰腺增加胰岛素的产生，并介导 LH 和 FSH 的产生来改善奶牛繁殖能力（表 1-3）。

表 1-3 日粮中不同水平的 RUP 对奶牛繁殖性能的影响

	处理组			
	30%RUP	45%RUP	标准误	P 值
产后第一次发情	42 d	45 d	18.1	0.15
第一次黄体正常活动	99 d	82 d	8.02	0.15
第一次黄体期的持续时间	12 d	12.8 d	1.28	0.72
黄体活动的奶牛比例	10%	40%	—	0.14

资料来源：Sawa 等（2011）。

补充不可降解蛋白质饲料（UIP）对奶牛繁殖的影响似乎还要取决于日粮的能量浓度。Kane(2002) 的研究表明，补充高水平的 UIP 对奶牛生殖激素有负面影响，而补充低水平或中等水平的 UIP，对奶牛生殖激素没有影响。育成牛在发育过程中，增加日粮中 UIP 水平，会导致育成牛性成熟推迟和体重加重，且在开始配种后的第一个情期内的配种次数减少，但是受胎率未受影响。补充日粮蛋白质所产生的副作用与血液尿素氮（BUN）的增加有关，BUN 影响奶牛卵泡和胚胎的发育。Hammond(1997) 的研究表明，日粮中瘤胃降解蛋白（RDP）的增加会导致瘤胃中氨态氮的含量增加，从而导致 BUN 的增加。

有研究表明，饲喂过量的 RDP 对奶牛繁殖有负面影响，会延迟第一次排卵或发情时间，降低第一次授精的受胎率，降低整体受胎率（Tamminga，2006）。对于这种结果，有科学家提出了一种假设，认为与高 RUP 日粮相比，高 RDP 日粮加重了奶牛的 NEB。RDP 摄入过多，合成细菌蛋白的能量相对不足，会导致瘤胃中积累过量的氨，然后被瘤胃壁吸收，在肝脏中转化为尿素，而这个解毒过程会消耗能量，可能会加剧产后泌乳早期的 NEB（Westwood et al，2000）。因此，Rochijan（2016）提出，同步日粮能量和氮的释放速率是避免 BUN 浓度过高和血浆氨含量过高的一种措施，从而可以作为一种提高奶牛繁殖效率的途径。

5. 轻微的蛋白质不足与奶牛繁殖效率　在一些国家，人们对减少奶牛日粮中蛋白质的含量很感兴趣，可减少饲料成本和奶牛排放到环境中的氮。Sinclair 等（2014）评估了 6 项研究的结果，以确定饲喂低 CP 日粮的奶牛是否会导致产乳量或繁殖功能下降。总的来说，与饲喂高 CP 饲料的奶牛相比，低 CP 组奶牛的产乳量持续下降，低 CP 组奶牛的产乳量平均每天减少 1.2 kg；饲喂不同 CP 水平日粮对奶牛的繁殖功能没有显著的影响（Sinclair et al，2014）。

6. 通过提供过瘤胃保护氨基酸改变繁殖功能的应用前景　蛋氨酸通常是奶牛体内的第一限制性氨基酸，它不仅是合成乳蛋白所必需的，还可被代谢成其他分子并在奶牛体内发挥重要作用，包括参与从肝脏运出脂质分子和参与基因表达调控。在奶牛养殖上，过瘤胃保护的蛋氨酸产品多种多样，但是效果可能各有差异。Zanton 等（2014）对 64 项关于饲喂瘤胃保护蛋氨酸的效果研究进行了综述分析，发现最一致的效果就是提高了奶牛乳蛋白含量和产乳量。在一项评估了一种过瘤胃蛋氨酸产品对繁殖影响的研究中，接受蛋氨酸补充的奶牛 DMI、产乳量以及乳脂肪和乳蛋白产量都有所增加（Nikkhah et al，2013），奶牛繁殖功能的几个方面也有所改善，包括发情、人工授精和配准天数等。但是，饲喂过瘤胃保护蛋氨酸的这种积极作用是否广泛存在，还有待进一步研究。对于高产奶牛、饲喂低代谢蛋白的奶牛以及饲喂充足的赖氨酸等其他重要必需氨基酸的奶牛，饲喂过瘤胃保护蛋氨酸的好处可能更大。

精氨酸是另一种可以转化为多种生物活性分子的氨基酸。已有研究表明，通过饲喂 N-氨基甲酰-谷氨酸（一种提供谷氨酸分子，可以用来合成精氨酸的生物分子）可以增加奶牛血浆中精氨酸的浓度（Chacher et al，2013）。N-氨基甲酰-谷氨酸可以作为一种潜在的提高奶牛产乳量和繁殖效率的添加剂。但需要注意的是，精氨酸也会对排卵和孕酮的分泌产生不利影响。

7. 总结 为奶牛补充蛋白质是提高奶牛繁殖性能和增加产乳量的常见做法。但是，过量补充蛋白质会增加奶牛粪便和尿液中氮的排泄，这些排出的氮会以氨的形式对环境造成污染。除此之外，以瘤胃可降解蛋白的形式补充过量蛋白质会损害奶牛的繁殖功能，这主要与将氨转化为微生物蛋白的能量利用有关，氨转化能耗高，导致奶牛体内出现能量负平衡。血液和牛奶中过量的氨会通过干扰奶牛的生殖激素来导致其繁殖性能下降。因此，给奶牛提供过瘤胃保护氨基酸，是一种可以提高奶牛生产性能和繁殖性能的策略，而优化日粮蛋白质含量，使蛋白质与能量同步释放是解决奶牛氨污染和繁殖问题的最佳策略。

第三节 维生素与奶牛繁殖

维生素是一类奶牛代谢所必需但需要量极少的低分子有机化合物，但奶牛体内一般不能合成，必须由日粮直接提供或提供其先体物。奶牛瘤胃的微生物能合成机体所需的 B 族维生素和维生素 K。

维生素不是形成机体各种组织器官的原料，也不是能源物质，它们主要以辅酶和催化剂的形式广泛参与动物体内代谢的多种化学反应，从而保证机体组织器官的细胞结构和功能正常，以维持动物的健康和各种生产活动。维生素缺乏可引起机体代谢紊乱，产生一系列缺乏症，影响动物健康和生产性能，严重时可导致动物死亡。维生素的需要受其来源、饲粮结构与成分、饲料加工方式、贮藏时间、饲养方式等多种因素的影响。为保证畜产品的质量和延长贮藏时间，增强机体免疫力和抗应激能力，都倾向于增加某些维生素在饲粮中的添加量，有时可超过需要量的10倍。

目前已知的主要有14种维生素，按其溶解性可分为脂溶性维生素和水溶性维生素两大类，但并非所有动物都需要这14种维生素（表1-4）。当动物吸收某种特定维生素不足时，可以观察到不同的反应，这取决于维生素的种类及缺乏的程度和时间。最严重的情况是临床缺乏症，例如，佝偻病和维生素C缺乏症分别是由于缺乏维生素D和维生素C引起的临床症状。轻度维生素缺乏通常有更微弱和更不明显的迹象。当维生素缺乏时，可以观察到奶牛生长发育不良（生长速度、产乳量或繁殖能力下降）和传染病的流行率增加等。

表1-4 维生素及其主要功能

维生素种类	主要功能
脂溶性维生素	
维生素A	参与基因调控、免疫，并与视觉相关
维生素D	参与钙、磷代谢和基因调控
维生素E	参与抗氧化
维生素K	参与血液凝固
水溶性维生素	
生物素（维生素H）	参与碳水化合物、脂肪和蛋白质代谢
胆碱（维生素B_4）	参与脂肪代谢和转运
叶酸（维生素B_{11}）	参与核酸和氨基酸代谢
烟酸（维生素B_3）	参与能量代谢

（续）

维生素种类	主要功能
泛酸（维生素 B_5）	参与碳水化合物和脂肪代谢
核黄素（维生素 B_2）	参与能量代谢
硫胺素（维生素 B_1）	参与碳水化合物和蛋白质代谢
吡哆醇（维生素 B_6）	参与氨基酸代谢
维生素 B_{12}	参与核酸和氨基酸代谢
维生素 C	参与抗氧化剂和氨基酸代谢

当皮肤细胞暴露在足够的阳光下可以合成充足的维生素 D；奶牛的肝脏和肾脏可以合成维生素 C；奶牛瘤胃和肠道细菌可以合成大部分维生素 B 和维生素 K；在大多数情况下，奶牛可能不需要摄入这些维生素来预防临床缺乏症。但是维生素 A 和维生素 E（或它们的前体）必须在日粮中提供，否则奶牛将会出现临床缺乏症。

>> 一、维生素 A 和 β-胡萝卜素与奶牛繁殖

1. 维生素 A 和 β-胡萝卜素　维生素 A 是一种几乎无色、脂溶性、长链、具有五个双键的不饱和化合物。由于含有双键，维生素 A 可以以不同的异构形式存在。维生素 A 是最不稳定的维生素之一，会被氧气、热量、光照和酸性物质迅速破坏，水分和微量矿物质的存在会降低饲料中的维生素 A 活性（Olson，1984）。维生素 A 的基本结构是全反式视黄醇，它能产生几种同分异构体，其中最重要的是全反式视黄醛和全反式视黄酸。视黄醇及其衍生物既能发挥视觉色素的作用，又能调节细胞的生长和分化。

维生素 A 本身不存在于植物中，但它的前体物胡萝卜素可以以不同的形式存在于植物中。胡萝卜素是一种橘黄色的色素，主要存在于绿叶中，在玉米颗粒中含量较少。其中四种化合物——α-

胡萝卜素、β-胡萝卜素、γ-胡萝卜素和隐黄质（玉米中主要的类胡萝卜素）尤为重要，因为它们具有维生素 A 活性。β-胡萝卜素的维生素 A 活性远远大于其他类胡萝卜素，因此 β-胡萝卜素是植物中最有效的维生素 A 前体物。α-胡萝卜素和隐黄质转化为维生素 A 的速度是 β-胡萝卜素的一半（Tanumihardjo and Howe，2005）。在奶牛中，补充脂肪会提高血浆中 β-胡萝卜素的水平（Weiss and Littman，1994）。

对于奶牛来说，转化的公认标准是 1 mg 的全反式 β-胡萝卜素可以提供 400 IU 的维生素 A，转化效率为 12%（Bauernfeind，1981）。研究表明，奶牛有能力将卵巢中的 β-胡萝卜素转化为视黄醇，β-胡萝卜素可以充当视黄醇供应。大多数饲料中的胡萝卜素含量变化很大，在收获和贮藏条件不理想时，会有较大的损失。商业饲料中常用的维生素 A 是以视黄醇的醋酸盐、丙酸盐和棕榈酸盐形式添加。醋酸盐维生素 A 常用于干饲料，丙酸盐维生素 A 和棕榈酸盐维生素 A 一般用于液体饲料。多种因素影响反刍动物对胡萝卜素和维生素 A 的消化率。影响胡萝卜素消化率的因素包括牧草收获月份、饲料种类（干草、青贮饲料、青绿饲料或牧草）、植物物种、植物干物质含量以及收获和储存条件。一般而言，胡萝卜素消化率在温暖月份高于平均水平，而在冬季低于平均水平。犊牛很容易吸收类胡萝卜素化合物，特别是 β-胡萝卜素，有助于肝脏储存维生素 A（Hoppe et al，1996）。胡萝卜素向视黄醇的转化随着胡萝卜素或维生素 A 摄入量和肝脏中维生素 A 浓度的增加而减少。

2. β-胡萝卜素对奶牛繁殖的影响　β-胡萝卜素除了作为维生素 A 的前体作用外，还对奶牛繁殖有特殊的影响。自 1978 年以来，一些研究表明 β-胡萝卜素在奶牛的繁殖中具有独立于维生素 A 的功能。与只摄入维生素 A 的奶牛相比，补充 β-胡萝卜素的奶牛产后第一次发情出现的时间间隔缩短，受胎率增加，卵泡囊肿发病率降低。Arechiga 等（1998）的研究表明奶牛饲喂 β-胡萝卜素能够改善受胎率，但只有在热应激条件下和饲喂 β-胡萝卜素 90 d 或以上的情况下才会有显著效果。另外有研究表明，奶牛卵巢囊肿变性与血浆中β-胡萝卜素的减少有关（Lopez-Diaz and Bosu，1992）。奶牛的黄体和卵泡液中含有高浓度的β-胡萝卜素（Chew et al，1984），并可在颗粒细胞内将β-胡萝卜素转化为视黄醇。Graves-Hoagland等（1988）报道了奶牛产后孕酮的产生和β-胡萝卜素的血浆浓度之间呈正相关。Block和Farmer(1987)的研究发现奶牛繁殖性能与血浆中视黄醇和β-胡萝卜素浓度之间呈正相关。其他研究显示，奶牛血浆中β-胡萝卜素含量具有季节性变化，在冬季观察到的含量明显较低，而在春季和初夏观察到的含量较高，特别是在饲喂青绿牧草的时候。Jackson等（1981）报道，在冬季，β-胡萝卜素水平低的奶牛血浆中生殖激素的周期出现不规律现象。

Lotthammer等（1979）研究了β-胡萝卜素和甲状腺功能潜在的相互作用。在这些研究中，β-胡萝卜素影响血清中甲状腺素（T-4）水平，血清β-胡萝卜素与T-4呈负相关。血浆胡萝卜素的季节性变化，也可能与牛甲状腺功能的季节性变化有关。维生素营养、应激压力、内分泌和免疫功能之间的相互关系的研究是未来非常具有生产潜力的研究领域。

3. 奶牛对维生素 A 的需要量　为了确定不同物种对维生素 A 的需求，大量科研人员进行了广泛的研究。有限的数据表明，在奶牛体内补充维生素 A 或 β-胡萝卜素可以提高机体乳腺的防御能力，可能对乳腺健康有一定的积极影响。一些流行病学数据也表明维生素 A 与乳腺炎有关（LeBlanc et al，2004）。奶牛对维生素 A 的最低需要量是通过各种方法确定的，包括预防夜盲症所需的量、储存和繁殖所需的量以及维持脑脊液正常压力所需的量等方面的数据。奶牛正常生长所需的最低维生素 A 量低于较高生长速度、抵抗各种疾病和正常骨骼发育所需的量。建议小牛出生时使其肝脏储存 3～5 倍的维生素 A 需求水平，这对小牛在出生后前几个月的生长发育至关重要。牛奶是维生素 A 的重要来源，产乳量较高的奶牛需要更多的日粮维生素 A。怀孕干乳牛对维生素 A 的需求量根据怀孕天数而定，为每千克饲料干物质 5 576～8 244 IU 不等；一头正在成长的怀孕青年牛对维生素 A 的需求量为每千克饲料干物质 6 486～7 075 IU（表 1－5）。

表 1－5 奶牛对维生素 A 的需要量（单位：IU/kg 饲料干物质）

泌乳牛	2 123～3 685
新产牛	3 490～5 540
怀孕干乳牛	5 576～8 244
怀孕青年牛	6 486～7 075

影响奶牛维生素 A 需求的因素主要包括以下方面。

（1）生产的类型和水平。

（2）遗传差异（品种、品系）。

（3）储存维生素 A 的转运作用（主要在肝脏中）。

（4）类胡萝卜素向维生素 A 的转化效率。

（5）维生素 A 的前体类胡萝卜素在饲料中的水平、类型和异构化的变化。

（6）奶牛体内胆汁是否充足。

（7）氧化、长时间贮藏、高温制粒、微量矿物质的催化作用和腐臭脂肪的过氧化作用等对饲料中维生素 A 的破坏程度。

（8）奶牛是否有疾病和/或寄生虫。

（9）环境压力和温度。

（10）饲料中是否含有充足的脂肪、蛋白质、锌、磷和抗氧化剂（包括维生素 E、维生素 C 和硒）。

（11）饲料的造粒和储存效果。

4. 维生素 A 和 β-胡萝卜素的来源 反刍动物对维生素 A 的需求可以通过饲料中的类胡萝卜素来满足。许多具有维生素 A 原活性的类胡萝卜素化合物存在于植物中。β-胡萝卜素是其中最具生物活性的；其他类胡萝卜素的生物效价范围一般不超过 β-胡萝卜素的 57%。类胡萝卜素在化学上很不稳定，因此许多储存的饲料缺乏维生素 A 原活性。所有生长植物的绿色部分都富含类胡萝卜素，粗饲料的绿色程度是衡量其胡萝卜素含量的良好指标。植物成熟时，叶子比茎含有更多的类胡萝卜素，因而此时豆科干草比禾本科干草含有更丰富的类胡萝卜素。在所有牧草中，花期过后类胡萝卜素含量下降，成熟植株的类胡萝卜素含量是植株未成熟时类胡萝卜素最大值的 50% 或更少。

除了黄玉米及其副产品，几乎所有用于动物饲料的精料都缺乏维生素 A 活性。此外，黄玉米中含有大量的非 β-胡萝卜素（即隐黄质、叶黄素和玉米烯），它们的维生素 A 原值比 β-胡萝卜素低得多，甚至没有。黄色玉米粒的维生素 A 原活性仅为优质粗饲料的 1/8。有研究表明，黄玉米在贮藏过程中会迅速失去类胡萝卜素。例如，一种类胡萝卜素含量较高的杂交玉米，在 25 ℃ 条件下贮藏 8 个月后类胡萝卜素含量减少了 50%，在 25 ℃ 条件下贮藏 3 年后类胡萝卜素含量减少了 75%。将玉米颗粒储存在 7 ℃ 的条件下时，其中类胡萝卜素的损失大大减少（Quackenbush，1963）。

天然 β-胡萝卜素的生物利用率低于化学合成维生素 A。在商业化学合成维生素 A 开始广泛应用之前，海洋鱼油是人类和动物饮食中维生素 A 的主要来源，苜蓿叶粉也被用作动物饲料中的维生素 A 来源。维生素 A 的商业化学合成始于 1949 年，目前化学合成维生素 A 已成为反刍动物饲料中维生素 A 的主要来源。反刍动物饲料中维生素 A 的主要补充来源是全反式视黄醇乙酸酯和全反式视黄醇棕榈酸酯。乙酸酯、丙酸酯和棕榈酸酯都是主要的维生素 A 生产形式。丙酸酯和棕榈酸酯主要用于液体饲料和人类食物。维生素 A 以这些酯化形式保存有利于保持其稳定的活性。此外，视黄醇酯类被合并到硬化或交联的明胶珠状物中，以便更好地保护预混料和饲料成品中的维生素 A 不被氧化破坏，添加抗氧化剂通常也可进一步提高饲料中维生素 A 的稳定性。

>> 二、维生素 E 与奶牛繁殖

1. 维生素 E　1922 年，科研人员首次发现植物油中存在一种对老鼠繁殖至关重要的营养因子。1936 年，这种营养因子被分离出来并被命名为 α-生育酚。维生素 E 可作为定性地显示具有 α-生育酚生物活性的所有生育酚和三烯生育酚衍生物的通用描述符。这两种具有维生素 E 活性的物质主要以四种化合物（α、β、γ、δ）的形式存在。α-生育酚是这些化合物中最具生物活性的，是维生素 E 在饲料中的主要活性形式，也是商业上用于补充在动物饲料中的形式。其他形式的生育酚生物活性有限。

天然植物油含有不同的生育酚和生育三烯醇混合物，每一种都以 α、β、γ、δ 中其中一种形式存在。这些植物油必须经过真空蒸馏和化学甲基化处理，以便专门和大量地生产 d-α-生育酚。d-α-生育酚只有经过几个化学处理步骤后才能从天然来源物中获得。在大多数情况下，天然提取的维生素 E 被酯化为乙酸酯，形成更稳定的 dl-α-生育酚乙酸酯。α-生育酚乙酸酯是动物饲料和添加剂中最常见的维生素 E 形式。人工合成的 α-生育酚与天然衍生的 α-生育酚应用效果并不相同。一些研究表明，在用量相同的基础上，天然提取的 d-α-生育酚乙酸酯比合成的 dl-α-生育酚乙酸酯在提高牛奶、初乳和血浆中 α-生育酚浓度方面更有效。

生育酚极耐热，但很容易氧化。自然产生的生育酚和生育三烯醇会受到氧化破坏，而高温、潮湿、腐臭的脂肪、铜和铁会加速这一过程。天然的生育酚和生育三烯醇是极好的抗氧化剂，可以保护胡萝卜素、视黄醇、生物素和饲料中的其他易氧化基质。然而，在作为抗氧化剂的过程中，作为维生素 E 的来源，生育酚和生育三烯醇在生物学上不活跃。因此，α-生育酚的乙酰化形式，即生育酚乙酸酯，被用作日粮维生素 E 的来源；而在某些情况下，乙醇形式的生育酚或混合生育酚被专门用作抗氧化剂。

奶牛对维生素 E 的吸收与脂肪的消化和吸收同步进行，需要胆汁酸、胰脂肪酶和酯酶。维生素 E 的消化和吸收效率根据日粮中的含量不同而不同：当每千克饲料中含 10 IU 时，约 98％的维生素 E 可被摄入，而当每千克饲料含 100 IU 和 1 000 IU 时，维生素 E 摄入效率分别下降到 80％和 70％（Leeson and Summers，2001）。大多数维生素 E 在奶牛小肠的前 2/3 部位被吸收（Bjørneboe et al，1990），无论以游离醇还是酯的形式呈现，大多数维生素 E 都以醇的形式被吸收，并在吸收过程中没有被重新酯化。

　　维生素 E 已被证明对动物和人的繁殖、肌肉生长、体液循环、神经和免疫系统的完整和最佳功能至关重要。奶牛对维生素 E 的需求量受含硫氨基酸、胱氨酸和蛋氨酸的影响。相当多的证据表明，维生素 E 可能还有未被发现的代谢作用，这可能与硒和其他物质在生物学上的功能类似。例如，维生素 E 已经被证明可以增强人体胰岛素的作用。

　　2. 维生素 E 对奶牛繁殖的影响　在公牛中，补充维生素 E 并不影响精子或精液特征或生育能力。然而，据报道，大剂量的维生素 A、D、E 和 C 对精液和精子的某些特性有良好的影响（Kozicki et al，1981）。Velasquez - Pereira 等（1998）的研究表明，每天给荷斯坦公牛饲喂 4 000 IU 的维生素 E，可以逆转饲喂棉酚对精液质量和繁殖性能的负面影响。补充维生素 E 可使饲喂棉酚的公牛的精液特征、血浆睾酮水平和繁殖性能高于不饲喂棉酚的对照组。这表明在不考虑日粮的情况下，饲喂维生素 E 对公牛有潜在好处。后备母牛从 8 月龄到开始生育为止，一直补充维生素 E 和硒的小母牛受胎率提高 36%（Laflamme and Hidiroglou，1991）。在胎衣不下发病率较高的奶牛群中，或在日粮中硒或维生素 E 含量较少的奶牛群中，补充硒或维生素 E 可以降低胎衣不下的发生率。补充维生素 E 和硒还可以减少母牛的子宫炎、卵巢囊肿和子宫复旧不全的发生，并缩短产后第一次发情的时间间隔。维生素 E 还可增加血浆的抗氧化能力，并通过保护细胞色素 P - 450 依赖的酶系统增加血浆中雌二醇的合成。多数研究表明，维生素 E 或维生素 E-硒对奶牛的繁殖有积极作用。尤其是在围产前期补充维生素 E，能够明显改善奶牛产后的繁殖性能，降低繁殖疾病的发生率。

　　3. 奶牛维生素 E 的需要量　反刍动物对日粮维生素 E 的需求尚未十分明确。奶牛对日粮干物质中的维生素 E 最低需求量为10～

60 IU/kg，怀孕的青年母牛和干乳牛对维生素 E 的需求量为 80～120 IU/kg，而泌乳期奶牛对维生素 E 的需求量为 16～27 IU/kg。新鲜的牧草通常含有非常高浓度的维生素 E，因此放牧的奶牛只需要很少或根本不需要补充维生素 E。研究发现，在奶牛产前和产后补充高浓度的维生素 E 能够显著降低乳房感染概率和临床乳腺炎发病率（Weiss et al，1997）、降低胎衣不下的发病率（LeBlanc et al，2002），饲喂较高维生素 E 含量的饲料可使奶牛每次受孕所需的输精次数减少（Baldi et al，2000）。一般来说，青年母牛对维生素 E 的积极反应比成年母牛更强烈，可能是因为青年母牛的维生素 E 初始状态比成年母牛低。

>> 三、其他维生素与奶牛繁殖

1. 维生素 D 与奶牛繁殖　正常的钙、磷代谢需要维生素 D。然而在生产牛群中很少遇到维生素 D 缺乏。维生素 D 缺乏的奶牛走路僵硬、呼吸困难、虚弱，可能还会抽搐，也会发生膝盖和跗关节肿胀，小牛出生时可能会死亡、虚弱或畸形。在不补充维生素 D 的限制条件下，饲喂紫花苜蓿的奶牛与补充维生素 D 并晒太阳的奶牛相比，犊牛患临床佝偻病和肌肉无力的发生率较高。补充维生素 D 也会影响奶牛产后第一次发情时间和产犊间隔，但对受胎所需的输精次数没有影响（Ward et al，1971）。母牛和胎儿的维生素 D 代谢可能是独立调节的，增加了维生素 D 对生殖影响的复杂性。

想要确定维生素 D 在奶牛繁殖中的作用，需要了解维生素 D 对奶牛内分泌或生殖功能的特定影响。了解维生素 D 作用机制的关键是明确它与特定细胞内受体的相互作用，维生素 D 被认为在卵巢、子宫、胎盘、睾丸和垂体中具有调节细胞内 Ca 和 Ca 结合蛋白的功能，维生素 D 的其他代谢物也可能在生殖组织中有特殊作用。

2. 维生素 C 与奶牛繁殖　维生素 C（抗坏血酸）可在大多数

哺乳动物体内合成。大量的维生素 C 在奶牛排卵期以及妊娠的前 3 个月和后期被利用（Wilson，1973）。胎儿对维生素 C 的需求较多，缺乏维生素 C 可能会导致胎儿畸形。在奶牛中，预防性剂量的维生素 C 对某些类型的雄性和雌性不育是有益的。维生素 C 能够帮助约 60％难以怀孕的奶牛受孕。在涉及卵巢囊肿或其他解剖异常的情况下，维生素 C 对奶牛繁殖没有明显的益处。维生素 C 对那些有正常的生殖道和表现出正常发情迹象的奶牛，以及那些停止发情然后又恢复发情的奶牛有积极作用。奶牛发情时血液中维生素 C 浓度高，这使维生素 C 被认为是排卵后帮助黄体富集的重要因素。

维生素 C 对治疗不育的公牛或繁殖能力下降的公牛有积极的影响。在维生素 C 的作用下，低等级精液可从稀薄的、水状的、没有活力的精液转变为正常的、黏性的、精子高度活跃的精液。阳痿公牛精液中维生素 C 浓度较低，而血浆和精液中正常浓度的维生素 C 与精子活力有较强的相关性。

在发情周期中，卵泡液中的维生素 C 浓度发生了变化。由于奶牛通常依赖内源性合成维生素 C，在发情周期或妊娠的特定阶段，一些生殖组织发挥最佳功能所需的抗坏血酸可能无法获得满足。维生素 C 存在于与生殖功能相关的内分泌腺中，其中垂体、黄体、肾上腺和胎盘中的浓度较高。在促肾上腺皮质激素的刺激下，维生素 C 迅速在肾上腺中耗尽，在肾上腺中维生素 C 可能有抑制类固醇生成的作用。

3. B 族维生素与奶牛繁殖　B 族维生素在奶牛的主要代谢途径中起辅助作用。奶牛生长所需要的所有 B 族维生素也是繁殖和胎儿发育所需要的。缺乏叶酸、核黄素、泛酸、胆碱和钴胺会中断妊娠。激素疗法能够克服一些 B 族维生素缺乏症状，这表明 B 族维生素和奶牛内分泌功能之间可能存在关系。缺乏叶酸可能导致胎儿畸形，还可能会改变子宫对雌激素的反应。

未来需要进一步研究以确定 B 族维生素在奶牛不同繁殖阶段的功能和需求。奶牛由于瘤胃细菌的合成而对 B 族维生素没有日粮需求，但当奶牛摄入大量抗生素时，可能会出现 B 族维生素缺乏的情况。

第四节　矿物质与奶牛繁殖

　　矿物质可分为两类，即常量元素和微量元素。常量矿物质元素包括钙（Ca）、磷（P）、钾（K）、镁（Mg）、钠（Na）和硫（S）。这些矿物质是根据原料中所含的百分比来计量的。例如，一种矿物质原料中可能含有 16% 的钙和 5% 的磷。微量矿物质元素包括铜（Cu）、锌（Zn）、锰（Mn）、硒（Se）、碘（I）、钴（Co）和铁（Fe）。奶牛对矿物质的需求受年龄、孕期和泌乳期等因素的影响。

　　矿物质在酶、激素和细胞的正常运作中发挥着重要作用。矿物质对动物的所有生理过程都很重要，包括奶牛繁殖。奶牛体内矿物质的缺乏和失衡常常被认为是繁殖不良的一个重要原因。同样如果摄入过量矿物质，可能也会对机体产生危害，生产者应该避免给奶牛过量饲喂矿物质。

　　矿物质添加剂有效性的关键不一定是它的生物有效性，而是它的生物活性。有机矿物质已被证明对反刍动物和单胃动物有很多积极的影响。例如，蛋白结合矿物质能够通过增加受精率、降低胚胎死亡率、改善子宫环境或增加发情强度来改善雌性繁殖性能。

　　与矿物质平衡相关的一个重要概念就是日粮中的阴阳离子平衡（DCAD）。研究表明，产犊前 DCAD 负平衡有助于奶牛顺利进入泌乳期、降低产后代谢性紊乱疾病的发生率、提高早期产乳量。DCAD 负平衡还能够帮助奶牛顺利渡过围产期，有助于维护奶牛生殖的完整性，提高产后的繁殖性能，为未来的泌乳做好充足的准备。

　　1. 钙　钙相关疾病（缺乏症）大多发生在分娩期间或产后几天内。Ca：P 比值的改变可能通过对下垂体的阻断作用来影响卵巢功能。这将导致奶牛产后初次发情和排卵时间延长、子宫复旧延迟、难产率增加、胎衣不下和子宫脱垂发生率增加（Kumar，2003）。血液中的低钙水平与奶牛的乏情有关，过量的钙也能通过损害磷、锰、锌、铜和其他元素在奶牛胃肠道的吸收，影响动物的繁殖状态。泌乳奶牛 Ca：P 的比例在（1.5～2.5）：1 之间较为合理。

生产上应给产乳的奶牛提供足够的钙，以最大限度地提高产乳量和减少健康问题。在干乳牛的矿物质营养方面，一个重要问题就是提供最佳水平的钙和磷，以减少产褥热的发生。预防产褥热是提高繁殖效率的一个重要措施。

2. 磷　磷通常与奶牛的繁殖性能下降有关。当磷缺乏时奶牛卵巢不活跃、性成熟延迟和受胎率降低。磷被认为是奶牛正常繁殖行为中的一个重要元素。缺磷地区奶牛的重要临床表现有：育成牛发情期延迟和发情不明显或不规律；因子宫肌肉张力不足而导致的奶牛产期过长、胎死腹中、排便乏力甚至胚胎死亡等。生育能力降低、受胎率降低或受孕推迟是缺磷的主要迹象，这可以通过适当补充磷元素来改善，而中度缺乏磷元素可能导致繁殖情况变差和受胎率降低（Kumar，2003）。相反，过量的磷会使奶牛子宫内膜容易受感染（Sheela and Ajay，2004）。

3. 钠和钾　钠和钾都间接与动物生殖缺陷相关。钠会通过阻止蛋白和能量的利用来影响奶牛正常的生殖生理机能；钾的缺乏可导致奶牛肌肉无力，从而影响雌性生殖道的肌肉组织使其在正常生殖过程中发生损伤。研究表明，饲喂高水平钾可能会延迟奶牛性成熟、延迟排卵、损害黄体的发育。用钾含量或钾、钠比例太高的饲料饲喂奶牛会导致奶牛繁殖能力降低。

4. 锌　锌是 200 多种酶系统的重要组成部分，其在奶牛体内的作用包括参与碳水化合物和蛋白质代谢、蛋白质合成、核酸代谢以及保持上皮组织完整性、参与细胞修复和分裂、维生素 A 和 E 的运输与利用等。此外，锌在奶牛免疫系统和某些生殖激素的分泌中发挥着重要作用。锌对奶牛的性成熟、生殖能力和发情开始是必不可少的。锌对奶牛分娩后子宫内膜的修复和维护有着重要作用，可以加速恢复机体的正常生殖功能和发情。对公牛来说，缺锌会导致精液质量差和性欲下降。锌也被证明能增加血浆中 β-胡萝卜素水平。血浆中 β-胡萝卜素水平的增加与促进受孕和胚胎发育有直接关系。锌水平的提高还可以减少跛行，从而使奶牛更愿意表现出发情状态，并提高了公牛的灵活性和繁殖性能。奶牛锌缺乏会导致严重的蹄趾紊乱，且更容易发生趾间皮炎、蹄叶炎和腐蹄病。

有一项研究调查了有限数量的杂交公牛的锌水平和来源，结果表明，补充锌可以提高公牛平均射精量、精子浓度、精子成活率和活力。通过对可育雄性和不育雄性的研究发现，不育雄性的精液锌水平低于可育雄性，研究人员认为，锌缺乏可能是引起雄性不育的一个危险因素。研究表明，补充锌可以通过减少氧化应激、DNA 断裂和细胞凋亡来减少雄性弱精子症的发生率（Kumar et al，2006）。

5. 硒 硒参与精子发生过程，主要作为硒蛋白、磷脂、过氧化氢、谷胱甘肽过氧化物酶（PHGPx/GPX4）等的组成部分。睾丸中发现的大部分硒与 PHGPx/GPX4 有关，它是一种强大的抗氧化剂，保护细胞免受氧化应激。PHGPx 似乎也作为一种结构蛋白参与提供正常精子活力，并且这种蛋白的变异对于正常的染色质凝结和正常的精子形成是必要的。硒的缺乏和过量已被证明对正常精子形成都是有害的。轻度缺硒的奶牛会发生流产或产弱犊。研究表明，适当补充硒可以降低胎衣不下、卵巢囊肿、乳腺炎和子宫炎的发生率（Patterson et al，2003）。此外，奶牛保持足够的血液硒水平能够减少流产、死胎和临产时趴卧的发生率。硒缺乏也与子宫复旧不良、隐性发情或不发情有关。补充硒能够改善首次配种受胎率。在公牛中，补充硒已被证明可以提高精子质量（Patterson et al，2003）。硒过量时奶牛会出现硒中毒：慢性硒中毒的症状包括跛行、蹄底溃疡、蹄趾变形和尾毛脱落；在妊娠母牛中，硒中毒会导致流产、死胎和弱牛犊，因为硒在胎儿体内能够积累。

奶牛日粮中应该至少含有百万分之一的硒。在一些牛群中，必须补充饲料来源的硒，以维持牛群血液具有适宜水平的硒浓度。在那些硒含量极低的牛群中，通常需要注射硒元素来迅速恢复血液中的硒含量使其达到正常水平。注射硒后，还需通过饲料补充足够的硒元素，以维持牛血液中的硒水平。

6. 铜　铜是多种酶的必要成分，包括超氧化物歧化酶、赖氨酸氧化酶和硫醇氧化酶等，这些酶的作用是消除自由基、增加结缔组织和血管的结构性强度和弹性、增加蹄趾的强度和减少跛行等。从繁殖的角度来看，铜是一种重要的矿物质，它的缺乏是导致奶牛早期胚胎死亡和胚胎吸收的一个重要因素。铜缺乏还会增加奶牛胎衣不下、胎盘坏死的概率和发情延迟及抑制导致的生育率下降。有研究认为，奶牛铜缺乏会导致弱发情和不发情。血浆中铜水平较高的奶牛首次配种天数、配准天数和空怀天数明显减少（Jousan et al，2002）。适当补充铜也是生产高质量精液所必需的。

7. 锰　锰是碳水化合物、脂肪、蛋白质和核酸代谢酶系统的激活剂。锰似乎在奶牛繁殖过程中起着至关重要的作用。它是合成胆固醇所必需的，而胆固醇又是合成类固醇所必需的。类固醇生产不足会导致这些生殖激素在奶牛血液中浓度下降，导致公牛精子异常和母牛发情周期不规律。因此，锰缺乏会导致公牛和母牛的生育能力下降。锰缺乏会导致隐性发情、不发情或不规律发情和降低受胎率，并导致流产和畸形胎儿的出生，公牛性欲下降和精液品质下降（Kumar，2003）。事实证明，补充锰可以减少奶牛产后乏情的发生率，从而减少了每次受孕的输精次数。

8. 钴　钴是合成维生素 B_{12} 所必需的。保持足够的维生素 B_{12} 状态对母牛和后代都有好处。牛奶（包括初乳）中含有较高水平的维生素 B_{12}，这是丙酸转化为葡萄糖以及叶酸代谢所必需的。分娩时钴和维生素 B_{12} 的缺乏会导致奶牛产乳量、初乳产量和质量下降。日粮中钴含量不足与小牛早期死亡率的增加有关。钴缺乏最终导致

维生素 B_{12} 缺乏。补充锰、锌、碘和莫能菌素可减轻钴缺乏症。严重的钴缺乏症会导致不孕症的发生。钴缺乏可导致奶牛性成熟延迟、子宫复旧延迟和受胎率下降以及子代适应能力较差（Kumar，2003）。

9. 碘 碘是合成甲状腺素所必需的，它能够调节新陈代谢的速度。碘对奶牛甲状腺具有一定作用，甲状腺功能不足会降低受胎率和卵巢活性。因此，碘缺乏会影响奶牛繁殖，因此建议在必要时补充碘，以确保奶牛每天摄入 15～20 mg 碘。近些年，人们已经认识到碘摄入过量的影响。碘摄入过多与各种健康问题有关，包括流产以及对病原菌感染和疾病的抵抗力下降。在奶牛繁育期，亚临床碘缺乏的症状包括发情抑制、流产、死胎、胎衣不下的发病率增加和妊娠期延长等。轻度缺碘的牛所生的小牛身体虚弱，可能没有毛。此外，由于免疫反应受到抑制，亚临床缺碘的动物还会更易发生腐蹄病和呼吸系统疾病。奶牛临床碘缺乏的一个显著特征是甲状腺肿大。

10. 钼 关于钼元素对奶牛繁殖的影响研究并不是很多。有研究表明钼缺乏，会导致动物生殖过程受到影响，公牛性欲下降、精子减少或不育，母牛初情期延迟、受胎率降低和停止发情（Kumar，2003）。

11. 铬 铬能增强胰岛素的作用，促使奶牛体内细胞对葡萄糖和氨基酸的吸收增加，从而改善奶牛泌乳早期的能量负平衡状态，提高繁殖效率。在泌乳期的奶牛铬缺乏也会导致酮病的发病率增加和产乳量下降。

12. 有机矿物质对奶牛健康与繁殖的影响 传统上，无机盐，如氧化物、硫酸盐和碳酸盐被添加到奶牛的饮食中，以满足奶牛的需求。这些物质在消化过程中被不同程度地分解成"自由"离子被吸收。然而，它们也可能与其他日粮分子结合，变得难以吸收，或者完全结合变得完全不可利用。因此，不同矿物质元素的可利用性会有很大的不同。由于这些不确定性，日粮中提供的矿物质含量往往高于使奶牛呈现最佳表现所需的最低水平，造成供应过剩和不必要的浪费，并对环境造成明显影响。

许多盐类物质在自然界中都是以蛋白质或螯合物的形式存在。这些螯合物可能利用肽或氨基酸的摄取途径，而不是小肠中正常的矿物离子摄取途径，这就预防了矿物质之间出现竞争性的摄取机制。这种有机复合形式矿物质的存在，不仅提高了这些矿物质的生物利用率，还使这些矿物质更容易运输，因此它们的肠道吸收率也提高了。这些有机复合矿物质更加稳定，在生物化学方面能够受到保护，不会与可能降低其吸收速度的其他日粮营养物质发生不良反应。这些有机复合矿物质还被认为可以针对性地满足奶牛体内某些靶器官、组织或特定功能的需求。

一项旨在评估无机和有机微量矿物质（多糖和氨基酸螯合物）对多胎和头胎荷斯坦奶牛繁殖性能和产乳量的影响研究发现，相比对照组添加100%无机硫酸盐（含铜、锰、锌元素），添加100%有机复合硫酸盐的试验组空怀天数显著减少（$P<0.05$），并且试验组奶牛更有可能在第一次配种时受胎（$P=0.008$），但牛奶的产量和组成成分没有发生显著变化。此研究表明，饲喂含100%多糖复合矿物质的奶牛繁殖性能优于饲喂100%无机硫酸盐的奶牛（Chester - Jones et al，2013）。

第五节 产后繁殖管理

高繁殖效率的奶牛需要满足的条件有：平稳过渡的围产期，即无疾病发生；较高的发情检出率；较高的情期受胎率。

1. 围产期 由于饲养管理水平的提高和遗传效益的增加，奶牛的产乳量也随之不断提高，这就越来越需要减少生殖疾病的发生，因为它们不仅会造成短期的生产损失，还会对母牛的生育能力有长期的不利影响。奶牛在围产期出现的疾病也更容易发生其他并发症，例如胎衣不下的奶牛患酮症概率是正常奶牛的16.4倍。奶牛在围产期会面临很多挑战，例如分娩的准备和分娩的过程以及开始泌乳等是奶牛面临的主要生理挑战。其结果就是产前 DMI 降低，瘤胃乳头萎缩导致机体对挥发性脂肪酸的吸收能力下降，除非瘤胃菌群有足够的时间适应奶牛产犊前后的日粮变化，否则会增加瘤胃酸中毒的风险。与此同时，由于分娩前皮质醇和雌激素的分泌增加，还会导致奶牛免疫能力下降。因此，健康和安全地度过围产期对奶牛的健康、福利和繁殖效率都至关重要。关键的管理因素是让奶牛在进入干乳期时有良好的 BCS（3.25～3.75），并在整个干乳期维持这个 BCS 不变。产犊的时候如果 BCS 过高就会导致奶牛出现脂肪肝、产后食欲不佳、DMI 降低、乏情期时间延长和人工授精受胎率降低等。产前至少 3～4 周给奶牛提供类似产后的日粮，可以使奶牛能够在产后迅速适应日粮的变化。同时还要尽量减小产犊前后 DMI 的降低程度。高的 DMI 需要适口性好的优质饲料、科学的饲养管理、足够的采食空间和足够的投喂频率。实施合理的管理措施并在日粮中补充维生素 E、硒以及适当的阴阳离子平衡对减少应激、降低免疫抑制和代谢性疾病的发病率很重要。

2. 提高配种率 为了获得较高的配种率，奶牛必须在产犊后 30～45 d 内恢复正常的发情周期，并保证较高的发情检出率。关于影响乏情水平的因素和用于诱发发情的激素治疗的研究综述阐明，解决发情检出率低的问题主要可采取以下 3 种措施：①增加每日检查的频率；②使用适当的辅助工具进行检测，例如，牛的尾部涂蜡笔或颜色漆、利用计步器或压力传感器等；③科学合理地使用定时输精技术。

3. 提高受胎率 一旦母牛被准确地检测出处于发情状态，就应该保证每次人工输精能够获得较高的受胎率，以达到较高的繁殖效率。人工输精的低受胎率问题是一个难以解决的多因素复杂问题。它们可能是由于营养或管理不当引起的慢性或急性问题。关于营养对奶牛受胎率的影响，有两个关键问题。第一个问题是，奶牛在产后 30～60 d 恢复排卵，围产期的低 NEB 是否会对随后的卵母细胞质量产生长期的有害影响。有研究认为，在产后前两周体况过肥的奶牛处于 NEB 状态，其卵母细胞发育能力大幅下降，能量恢复到正平衡所需的时间更久，并发现产后 50 d 的卵母细胞在体外产生囊胚的能力较差。因此，目前还不清楚 NEB 是否对卵母细胞质量有不良的遗传影响，也可能产后早期发育的卵泡产生的卵母细胞在体外产生囊胚的能力本来就差。第二个问题就是日粮中过量的蛋白质对奶牛生育能力的影响，过量的蛋白质导致奶牛瘤胃中氨的大量产生，而氨又转化为尿素，导致血液中尿素水平升高、生育能力下降。有研究认为，血液中的尿素氮升高之后，会导致奶牛子宫 pH 的改变，对胚胎的存活产生有害影响，继而降低了人工授精的受胎率。然而，血液高尿素氮水平本身是否会降低反刍动物的胚胎存活率尚不清楚，因为将胚胎移植给不同尿素浓度的受体母牛后，其胚胎存活率并不受影响。如果尿素氮对奶牛生育有不利影响，其影响更可能发生在卵母细胞、卵泡或输卵管环境中，而不是在子宫环境中。因此，尽管 NEB 奶牛饲喂高蛋白质饲料导致其生育能力下降的这种效应机制尚不清楚，但是，不给生育期的奶牛提供过量的蛋白质这种策略是非常正确的。

高效的繁殖管理需要奶牛有一个无病、无应激的围产期，奶牛能够在泌乳早期快速进入正常发情周期，并具有较高的发情检出率和较高的配种受胎率。越来越多的研究证明，奶牛的营养管理是实现上述目标的关键。给围产期奶牛提供优质适口的饲料和提高 DMI，对降低奶牛在围产期的 NEB 幅度和持续时间是至关重要的。预防代谢性疾病和繁殖疾病也很重要。因此，使奶牛具有较高的繁殖效率需要有长远规划，采取良好的预防措施，减少围产期疾病，还需要奶牛场管理人员、营养专家和兽医之间相互协作并以协调一致的方式共同努力，以实现提高繁殖效率的目标。

第六节 提高奶牛繁殖率的营养调控措施

近些年，奶牛场在不断刷新着奶牛的单产记录。牛奶产量大幅度提高的同时，我们也发现，在繁殖管理和保证奶牛受胎率方面也给奶牛场带来了很大的压力。想要使奶牛养殖获得最大利益，需要采取科学合理的营养管理策略，这对发挥出奶牛的最佳生产力和高效育种潜力有着至关重要的作用。

奶牛利用许多营养物质来产乳，过量提供生产所需的营养物质会对奶牛的繁殖产生负面影响。高产奶牛需要特别的营养管理，特别是在存在生产应激的情况下。目前的高产奶牛要么处于泌乳期，要么处于妊娠晚期，使其面对很大的代谢压力。满足奶牛的营养需求并实现最佳的生产和繁殖效率是现代奶牛养殖场面临的主要挑战。营养充足的奶牛可在保持健康的同时，仍有能力应付高产乳量带来的压力。能量和蛋白质饲料成分以及许多微量元素和维生素在牛奶的生产和繁殖中发挥着重要作用。不仅是营养元素的数量，它们的质量也对奶牛的最佳生产和繁殖效率起着至关重要的作用。

>> 一、高产奶牛能量物质补充

奶牛在泌乳期，产乳量通常在产后 4～8 周达到高峰，但是干物质的摄入量直到产后 10～14 周才会按比例逐渐增加到能够满足能量需求的水平。因此，高产奶牛在产后早期会出现一定程度的能量负平衡。高产奶牛在能源供给和需求之间存在缺口。为了满足产乳的高能量需求，奶牛利用身体储备，导致其健康受损并出现代谢紊乱。能量是成年奶牛所需的主要营养物质，能量摄入不足会对产乳量和繁殖产生不利影响；处于能量负平衡状态下的奶牛排卵周期延长。奶牛产后乏情和不孕一般是产后体况损失过大造成的。

1. 增加能量摄入策略 奶牛产后能量负平衡的程度和持续时间受产乳遗传潜力、日粮能量密度和 DMI 的影响。营养管理策略可以被用来减小能量负平衡的范围和持续时间。鉴于泌乳早期 DMI 下降的生理原因，提高日粮能量密度是提高能量摄取量的唯一途径，可通过补充谷物或脂肪来实现。含有高水平谷物的日粮可能会引起奶牛代谢紊乱（如瘤胃酸中毒），并可能最终导致产乳量降低和乳脂率下降。为了避免这些问题，可以添加脂肪来增加奶牛日粮的能量密度。补充脂肪还有其他潜在好处，如增加脂溶性营养素的吸收和减少饲料的含尘量。此外，给奶牛饲喂脂肪通常能够提高其生育能力。

2. 添加脂肪　不建议对反刍动物使用植物油，因为不饱和脂肪酸对瘤胃细菌，特别是纤维降解细菌有毒害作用。补充不饱和脂肪酸会减少纤维的消化，从而破坏了增加日粮能量可利用性的主要目标。因此，奶牛日粮中对脂肪的补充是通过过瘤胃脂肪来实现的，过瘤胃脂肪经过瘤胃而不降解。过瘤胃脂肪可以是保护瘤胃的脂肪，也可以是稳定瘤胃的脂肪。它们在瘤胃中是惰性的，在后段消化道中被消化，因此对瘤胃细菌无害。

3. 瘤胃保护脂肪　保护性脂肪酸大部分是长链脂肪酸的钙盐或者是饱和脂肪酸。为提高奶牛产乳量，奶牛行业专门研制了瘤胃保护的钙皂或长链脂肪酸钙盐。作为一种化学反应产物，它们有许多缺点：由于钙皂具有刺激性味道，饲料的适口性通常较差；另一方面一般奶牛日粮中精饲料比例较大，瘤胃的 pH 较低，损害了钙皂的稳定性，导致不饱和脂肪酸的释放。如前所述，这些不饱和脂肪酸可能对乳脂的形成产生负面影响，也可能会干扰瘤胃的消化。近些年，瘤胃稳定脂肪已经成为奶牛脂肪添加剂方面的发展方向，这些脂肪由甘油三酯分解而成，富含饱和脂肪酸，主要是软脂酸。瘤胃稳定脂肪在各种 pH 条件下都是稳定的。它们的脂肪酸大多是饱和的，所以通过瘤胃后几乎没有变化。脂肪到达小肠后，在那里被酶分解，随后被身体利用作为一种有效的能量来源。

>> 二、奶牛蛋白质饲喂策略

奶牛和其他动物一样，必须从小肠吸收必需氨基酸。奶牛可从两种来源获得氨基酸，分别是微生物蛋白和过瘤胃蛋白或瘤胃未降解蛋白。微生物蛋白来源于瘤胃中的微生物，特别是细菌，提供反刍动物对蛋白质和氨基酸的总需求；瘤胃微生物可以利用尿素、氨等非蛋白氮化合物合成蛋白质和氨基酸；瘤胃微生物通过氨和碳水化合物的结合合成氨基酸，这些氨基酸成为微生物蛋白的一部分。这种微生物蛋白随后在小肠中被消化。当日粮的可消化能量含量足够高时，许多反刍动物日粮中1/3或更多的蛋白质需求可由非蛋白氮源提供。微生物蛋白的生产在很大程度上取决于瘤胃中碳水化合物和氮的可利用性。瘤胃细菌一般能够利用瘤胃中因氨基酸脱氨和非蛋白氮化合物水解而释放的大部分氨。然而，在日粮条件下，常常出现瘤胃氨释放速率超过瘤胃细菌对其利用速率的情况。出现这种情况的原因可能是瘤胃降解蛋白（RDP）过剩或有效能量不足，导致发酵底物利用效率低下，微生物蛋白合成减少。过量的氨最终会循环到奶牛血液中，损害奶牛繁殖性能。因此，给奶牛饲喂优质的过瘤胃蛋白以及保持与蛋白发酵速度相匹配的能量平衡十分重要。

　　高产奶牛对氨基酸的要求更高，即使在高合成率下，瘤胃微生物也无法满足这些要求。高产奶牛的饲料应包括在瘤胃中降解性相对较低的蛋白质，这些蛋白质在到达肠道前不会被分解。这种"逃逸蛋白"被称为过瘤胃蛋白（RUP）或瘤胃未降解蛋白，在肠道中消化，氨基酸被用于合成组织蛋白和乳蛋白。奶牛日粮应同时含有瘤胃降解蛋白和未降解蛋白，其理想比值为13：7。通常，当大部分或全部饲料由高品质的禾本科牧草和豆科植物提供时，高产奶牛对可消化RUP含量高的饲料蛋白质的依赖程度最大。在这些情况下，基础日粮通常含有足够或更多的RDP，但RUP缺乏。因此，蛋白质的补充应该限制在RUP中，以避免日粮中出现过量的RDP。提高饲料中RUP含量可以提高乳蛋白的产量和奶牛的繁殖性能。

>> 三、奶牛能量代谢物的必需矿物质——铬

　　在奶牛能量负平衡阶段，有效地利用能量可以提高生产力、改

善健康状况、提高繁殖性能。铬是有效利用日粮能量所必需的基本元素。从产前 21 d 到产后 21 d 的过渡时期是保证高产奶牛健康和后续产乳的关键时期。在围产期对高产奶牛补充铬，可以提高泌乳早期的采食量和泌乳量。补充铬还可以改善奶牛的繁殖性能和体液免疫反应。铬有助于减少奶牛生理应激对养殖生产的影响。无机形式的铬很不容易被吸收，铬与有机化合物螯合则可以大大增加它的吸收率。烟酸铬和吡啶酸铬通常被认为是最有效的补充铬的形式。

在奶牛生产中，特别是在泌乳初期，向奶牛补充瘤胃稳定脂肪、过瘤胃蛋白和有机螯合铬，可以降低能量负平衡的程度并减少其持续时间，改善奶牛的健康状况，提高泌乳质量和繁殖性能。

本章参考文献

Akordor F Y，Stone J B，Walton J S，et al，1986. Reproductive performance of lactating Holstein cows fed supplemental β - carotene [J]. Journal of Dairy Science，69(8)：2173 - 2178.

Alonso L M，Maquivar C，Galina G，et al，2008. Effect of ruminally protected Methionine on the productive and reproductive performance of grazing Bos indicus heifers raised in the humid tropics of Costa Rica [J]. Tropical Animal Health and Production，40(8)：667 - 672.

Anders B，Aa G E，Drevon C A，1990. Absorption，transport and distribution of vitamin E [J]. The Journal of Nutrition，120(3)：233 - 242.

Ardalan M，Rezayazdi K，Dehghan - Banadaky M，2010. Effect of rumen - protected choline and methionine on physiological and metabolic disorders and reproductive indices of dairy cows [J]. Journal of Animal Physiology and Animal Nutrition，94(6)：e259 - e265.

Arechiga C，Ortiz O，Hansen P，1994. Effect of prepartum injection of vitamin E and selenium on postpartum reproductive function of dairy cattle [J]. Theriogenology，41(6)：1251 - 1258.

Aréchiga C，Staples C，McDowell L，et al，1998. Effects of Timed Insemination and Supplemental β - Carotene on Reproduction and Milk Yield of Dairy Cows Under Heat Stress1 [J]. Journal of Dairy Science，81(2)：390 - 402.

Armstrong J, Goodall E, Gordon F, et al, 1990. The effects of levels of concentrate offered and inclusion of maize gluten or fish meal in the concentrate on reproductive performance and blood parameters of dairy cows [J]. Animal Science, 50(1): 1-10.

Ascarelli I, Edelman Z, Rosenberg M, et al, 1985. Effect of dietary carotene on fertility of high-yielding dairy cows [J]. Animal Science, 40(2): 195-207.

Baldi A, Savoini G, Pinotti L, et al, 2000. Effects of vitamin E and different energy sources on vitamin E status milk quality and reproduction in transition cows [J]. Journal of Veterinary Medicine Series A, 47(10): 599-608.

Ballantine H, Socha M, Tomlinson D, et al, 2002. Effects of feeding complexed zinc manganese copper and cobalt to late gestation and lactating dairy cows on claw integrity reproduction and lactation performance [J]. The Professional Animal Scientist, 18(3): 211-218.

Beever D, Hattan A, Cammell S, et al, 2001. Nutritional management of the high yielding cow into the future [J]. Recent Advances in Animal Nutrition in Australia, 13: 1-8.

Block E, Farmer B, 1987. The status of beta-carotene and vitamin A in Quebec dairy herds: factors affecting their status in cows and their effects on reproductive performance [J]. Canadian Journal of Animal Science, 67(3): 775-788.

Bronson F, 1986. Food-restricted, prepubertal, female rats: rapid recovery of luteinizing hormone pulsing with excess food, and full recovery of pubertal development with gonadotropin-releasing hormone [J]. Endocrinology, 118(6): 2483-2487.

Bronson F, 1988. Effect of food manipulation on the GnRH-LH-estradiol axis of young female rats [J]. The American Journal of Physiology, 254(4): R616-R621.

Buckley C A, Schneider J E, 2003. Food hoarding is increased by food deprivation and decreased by leptin treatment in Syrian hamsters [J]. American Journal of Physiology-Regulatory Integrative and Comparative Physiology, 285(5): R1021-R1029.

Butler W R, Smith R D, 1989. Interrelationships between energy balance and postpartum reproductive function in dairy cattle [J]. Journal of Dairy Science,

72(3): 767 - 783.

Cameron J L, Nosbisch C, 1991. Suppression of pulsatile luteinizing hormone and testosterone secretion during short term food restriction in the adult male rhesus monkey(Macaca mulatta) [J]. Endocrinology, 128(3): 1532 - 1540.

Cameron J L, 1996. Regulation of reproductive hormone secretion in primates by short - term changes in nutrition [J]. Reviews of Reproduction, 1(2): 117 - 126.

Campbell M, Miller J, 1998. Effect of supplemental dietary vitamin E and zinc on reproductive performance of dairy cows and heifers fed excess iron [J]. Journal of Dairy Science, 81(10): 2693 - 2699.

Carroll D J, Jerred M J, Grummer R R, et al, 1990. Effects of fat supplementation and immature alfalfa to concentrate ratio on plasma progesterone, energy balance, and reproductive traits of dairy cattle [J]. Journal of Dairy Science, 73(10): 2855 - 2863.

Castillo A, Kebreab E, Beever D, et al, 2001. The effect of protein supplementation on nitrogen utilization in lactating dairy cows fed grass silage diets [J]. Journal of Animal Science, 79(1): 247 - 253.

Chacher B, Liu H, Wang D, et al, 2013. Potential role of N - carbamoyl glutamate in biosynthesis of arginine and its significance in production of ruminant animals [J]. Journal of Animal Science and Biotechnology, 4(1): 1 - 6.

Chew B, Holpuch D, O' fallon J, 1984. Vitamin A and β - carotene in bovine and porcine plasma, liver, corpora lutea, and follicular fluid [J]. Journal of Dairy Science, 67(6): 1316 - 1322.

Choudhary S, Singh A, 2004. Role of nutrition in reproduction: a review [J]. Intas Polivet, 5(2): 229 - 234.

Clarke I J, Cummins J T, 1982. The temporal relationship between gonadotropin releasing hormone(GnRH) and luteinizing hormone(LH) secretion in ovariectomized ewes [J]. Endocrinology, 111(5): 1737 - 1739.

Collard B, Boettcher P, Dekkers J, et al, 2000. Relationships between energy balance and health traits of dairy cattle in early lactation [J]. Journal of Dairy Science, 83(11): 2683 - 2690.

Dechow C D, Rogers G W, Clay J S, 2002. Heritability and correlations among body condition score loss body condition score production and reproductive performance [J]. Journal of Dairy Science, 85(11): 3062 - 3070.

Elrod C, Butler W, 1993. Reduction of fertility and alteration of uterine pH in heifers fed excess ruminally degradable protein [J]. Journal of Animal Science, 71(3): 694 - 701.

Erskine R, Bartlett P, Herdt T, et al, 1997. Effects of parenteral administration of vitamin E on health of periparturient dairy cows [J]. Journal of the American Veterinary Medical Association, 211(4): 466.

Fedak M A, Anderson S S, 1982. The energetics of lactation: accurate measurements from a large wild mammal, the grey seal(Halichoerus grypus)[J]. Journal of Zoology, 198(4): 473 - 479.

Folman Y, Ascarelli I, Herz Z, et al, 1979. Fertility of dairy heifers given a commercial diet free of β- carotene [J]. British Journal of Nutrition, 41(2): 353 - 359.

Gong J, Lee W, Garnsworthy P, et al, 2002. Effect of dietary - induced increases in circulating insulin concentrations during the early postpartum period on reproductive function in dairy cows [J]. Reproduction, 123(3): 419 - 427.

Graves - Hoagland R, Hoagland T, Woody C, 1988. Effect of β- carotene and vitamin A on progesterone production by bovine luteal cells [J]. Journal of Dairy Science, 71(4): 1058 - 1062.

Harrison J H, Hancock D D, Conrad H R, 1984. Vitamin E and selenium for reproduction of the dairy cow [J]. Journal of Dairy Science, 67(1): 123 - 132.

Harrison R O, Ford S P, Young J W, et al, 1990. Increased milk production versus reproductive and energy status of high producing dairy cows [J]. Journal of Dairy Science, 73(10): 2749 - 2758.

Heuer C, Schukken Y, Dobbelaar P, 1999. Postpartum body condition score and results from the first test day milk as predictors of disease, fertility, yield, and culling in commercial dairy herds [J]. Journal of Dairy Science, 82(2): 295 - 304.

Heuer C, Straalen W, Schukken Y, et al, 2000. Prediction of energy balance in a high yielding dairy herd in early lactation: model development and precision [J]. Livestock Production Science, 65(1 - 2): 91 - 105.

Hidiroglou M, Karpinski K, 1991. Disposition kinetics and dosage regimen of vitamin E administered intramuscularly to sheep [J]. British Journal of Nutrition, 65(3): 465 - 473.

Hoppe P P, Chew B P, Anton S, et al, 1996. Dietary β - carotene elevates plasma steady - state and tissue concentrations of β - carotene and enhances vitamin A balance in preruminant calves [J]. The Journal of Nutrition, 126 (1): 202 - 208.

Jackson P, 1981. A note on a possible association between plasma β - carotene levels and conception rate in a group of winter - housed dairy cattle [J]. Animal Science, 32(1): 109 - 111.

Jankowska M, Anna S, Wojciech N, 2010. Effect of milk urea and protein levels on fertility indices in cows [J]. Journal of Central European Agriculture, 11(4): 475 - 480.

Julien W, Conrad H, Jones J, et al, 1976. Selenium and vitamin E and incidence of retained placenta in parturient dairy cows [J]. Journal of Dairy Science, 59(11): 1954 - 1959.

Kane K, Creighton K, Petersen M, et al, 2002. Effects of varying levels of undegradable intake protein on endocrine and metabolic function of young post - partum beef cows [J]. Theriogenology, 57(9): 2179 - 2191.

Kim H, Lee J, Park S, et al, 1997. Effect of vitamin E and selenium administration on the reproductive performance in dairy cows [J]. Asian - Australasian Journal of Animal Sciences, 10(3): 308 - 312.

Kozicki L, Silva R, Barnabe R, 1981. Effects of vitamins A, D3, E, and C on the characteristics of bull semen [J]. Zentralblatt für Veterinärmedizin Reihe, A 28(7): 538 - 546.

Krüger K, Blum K, Greger D, 2005. Expression of nuclear receptor and target genes in liver and intestine of neonatal calves fed colostrum and vitamin A [J]. Journal of Dairy Science, 88(11): 3971 - 3981.

Kumar N, Verma R, Singh L, et al, 2006. Effect of different levels and sources of zinc supplementation on quantitative and qualitative semen attributes and serum testosterone level in crossbred cattle(Bos indicus×Bos taurus) bulls [J]. Reproduction Nutrition Development, 46(6): 663 - 675.

Laflamme L, Hidiroglou M, 1991. Effects of selenium and vitamin E administration on breeding of replacement beef heifers [J]. Annales de Recherches Veterinaires, 22(1): 65 - 69.

Lammoglia M, Willard S, Hallford D, et al, 1997. Effects of dietary fat on follicular development and circulating concentrations of lipids, insulin, progesterone, estradiol - 17 β, 13, 14 - dihydro - 15 - keto - prostaglandin F2α, and growth hormone in estrous cyclic Brahman cows [J]. Journal of Animal Science, 75(6): 1591 - 1600.

Lean I J, Celi P, Raadsma H, et al, 2012. Effects of dietary crude protein on fertility: Meta - analysis and meta - regression [J]. Animal Feed Science and Technology, 171(1): 31 - 42.

LeBlanc S, Duffield T, Leslie K, et al, 2002. Defining and diagnosing postpartum clinical endometritis and its impact on reproductive performance in dairy cows [J]. Journal of Dairy Science, 85(9): 2223 - 2236.

LeBlanc S, Herdt T, Seymour W, et al, 2004. Peripartum serum vitamin E retinol and beta - carotene in dairy cattle and their associations with disease [J]. Journal of Dairy Science, 87(3): 609 - 619.

Leslie R A, Sanders S, Anderson S I, et al, 2001. Appositions between cocaine and amphetamine - related transcript - and gonadotropin releasing hormone - immunoreactive neurons in the hypothalamus of the Siberian hamster [J]. Neuroscience Letters, 314(3): 111 - 114.

Lopez - Diaz M, Bosu W, 1992. A review and an update of cystic ovarian degeneration in ruminants [J]. Theriogenology, 37(6): 1163 - 1183.

Lotthammer K, 1979. Importance of beta - carotene for the fertility of daily cattle [J]. Feedstuffs, 52: 16 - 50.

Lucy M, Staples C, Michel F, et al, 1991. Effect of feeding calcium soaps to early postpartum dairy cows on plasma prostaglandin F2α, luteinizing hormone, and follicular growth [J]. Journal of Dairy Science, 74(2): 483 - 489.

Mangels R A, Jetton A E, Powers J B, et al, 1996. Food deprivation and the facilitatory effects of estrogen in female hamsters: the LH surge and locomotor activity [J]. Physiology & behavior, 60(3): 837 - 843.

Marcek J, Appell L, Hoffman C, et al, 1985. Effect of supplemental β - carotene on incidence and responsiveness of ovarian cysts to hormone treatment [J]. Journal of Dairy Science, 68(1): 71 - 77.

Martin F, Ullrey D, Miller E, et al, 1971. Vitamin A status of steers as influenced by corn silage harvest date and supplemental vitamin A [J]. Journal of

Animal Science, 32(6): 1233 - 1238.

Marx G, Chester - Jones H, Linn J, et al, 2013. Effect of trace mineral source on reproduction and milk production in Holstein cows [J]. The Professional Animal Scientist, 29(3): 289 - 297.

McCormick M, French D, Brown T, et al, 1999. Crude protein and rumen undegradable protein effects on reproduction and lactation performance of Holstein cows [J]. Journal of Dairy Science, 82(12): 2697 - 2708.

Mee J F, 2004. Temporal trends in reproductive performance in Irish dairy herds and associated risk factors [J]. Irish Veterinary Journal, 57(3): 158.

Miyoshi S, Pate J L, Palmquist D L, 2001. Effects of propylene glycol drenching on energy balance plasma glucose, plasma insulin, ovarian function and conception in dairy cows [J]. Animal Reproduction Science, 68(1 - 2): 29 - 43.

Nikkhah A, Kianzad D, Hajhosseini A, et al, 2013. Protected methionine prolonged provision improves summer production and reproduction of lactating dairy cows [J]. Pakistan Journal of Biological Sciences, 16 (12): 558 - 563.

Nolan R, O'callaghan D, Duby R, et al, 1998. The influence of short - term nutrient changes on follicle growth and embryo production following super-ovulation in beef heifers [J]. Theriogenology, 50(8): 1263 - 1274.

Olson J A, 1984. Serum levels of vitamin A and carotenoids as reflectors of nutritional status [J]. Journal of the National Cancer Institute, 73 (6): 1439 - 1444.

Ondarza M, Wilson J, Engstrom M, 2009. Case study: Effect of supplemental β - carotene on yield of milk and milk components and on reproduction of dairy cows [J]. The Professional Animal Scientist, 25(4): 510 - 516.

Patel B, Patel C, Shukla P, 1966. Effect of drying and storage on the carotene content and other constituents in lucerne [J]. Indian Journal of Veterinary Science and Animal Husbandry, 36: 124 - 129.

Patterson H H, Adams D C, Klopfenstein T J, et al, 2003. Supplementation to meet metabolizable protein requirements of primiparous beef heifers: II. Pregnancy and economics [J]. Journal of Animal Science, 81(3): 563 - 570.

Pethes G, Horvath E, Kulcsar M, et al, 1985. In Vitro Progesterone Production of Corpus Luteum Cells of Cows Fed Low and High Levels of Beta - Carotene

[J]. Zentralblatt für Veterinärmedizin Reihe A, 32(1 - 10): 289 - 296.

Petit H V, Dewhurst R J, Proulx J G, et al, 2001. Milk production milk composition and reproductive function of dairy cows fed different fats [J]. Canadian Journal of Animal Science, 81(2): 263 - 271.

Pryce J, Coffey M, Brotherstone S, 2000. The genetic relationship between calving interval body condition score and linear type and management traits in registered Holsteins [J]. Journal of Dairy Science, 83(11): 2664 - 2671.

Quackenbush F, 1963. Corn carotenoids: Effects of temperature and moisture on losses during storage [J]. Cereal Chemistry, 40(3): 266 - 269.

Rabiee A, Macmillan K, Schwarzenberger F, 2001. The effect of level of feed intake on progesterone clearance rate by measuring faecal progesterone metabolites in grazing dairy cows [J]. Animal Reproduction Science, 67(3 - 4): 205 - 214.

Rakes A, Owens M, Britt J, et al, 1985. Effects of adding beta - carotene to rations of lactating cows consuming different forages [J]. Journal of Dairy Science, 68(7): 1732 - 1737.

Reist M, Erdin D K, Von E D, et al, 2003. Postpartum reproductive function: association with energy metabolic and endocrine status in high yielding dairy cows [J]. Theriogenology, 59(8): 1707 - 1723.

Rhoads M L, Rhoads R P, Gilbert R O, et al, 2006. Detrimental effects of high plasma urea nitrogen levels on viability of embryos from lactating dairy cows [J]. Animal Reproduction Science, 91(1 - 2): 1 - 10.

Robinson R, Pushpakumara P, Cheng Z, et al, 2002. Effects of dietary polyunsaturated fatty acids on ovarian and uterine function in lactating dairy cows [J]. Reproduction, 124(1): 119 - 131.

Rochijan, Ismaya, Budi, et al, 2016. Impact of high rumen undegraded protein(HRUP) supplementation to blood urea nitrogen and reproduction performance in early lactation dairy cows [J]. International Journal of Dairy Science, 11: 28 - 34.

Royal M, Pryce J, Woolliams A, et al, 2002. The genetic relationship between commencement of luteal activity and calving interval body condition score production and linear type traits in Holstein - Friesian dairy cattle [J]. Journal of Dairy Science, 85(11): 3071 - 3080.

Russell W C, 1929. The effect of the curing process upon the vitamin A and D content of alfalfa [J] Journal of Biological Chemistry, 85(1): 289 - 297.

Santos J, Huber J T, Theurer C B, et al, 2000. Effects of grain processing and bovine somatotropin on metabolism and ovarian activity of dairy cows during early lactation [J]. Journal of Dairy Science, 83(5): 1004 - 1015.

Schams D, Schallenberger E, Menzer C, et al, 1978. Profiles of LH, FSH and progesterone in postpartum dairy cows and their relationship to the commencement of cyclic functions [J]. Theriogenology, 10(6): 453 - 468.

Schneider J E, Buckley C A, Blum R M, et al, 2002. Metabolic signals, hormones and neuropeptides involved in control of energy balance and reproductive success in hamsters [J]. European Journal of Neuroscience, 16(3): 377 - 379.

Schweigert F, Zucker H, 1988. Concentrations of vitamin A, β - carotene and vitamin E in individual bovine follicles of different quality [J]. Reproduction, 82(2): 575 - 579.

Scott M, Thompson J, 1971. Selenium content of feedstuffs and effects of dietary selenium levels upon tissue selenium in chicks and poults [J]. Poultry Science, 50(6): 1742 - 1748.

Sinclair K D, Garnsworthy P C, Mann G E, et al, 2014. Reducing dietary protein in dairy cow diets: implications for nitrogen utilization milk production welfare and fertility [J]. Animal: an International Journal of Animal Bioscience, 8(2): 262.

Sklan D, 1983. Carotene Cleavage Activity in the corpus luteum of cattle. International Journal for Vitamin and Nutrition research. Internationale Zeitschrift fur Vitamin - und Ernahrungsforschung [J]. Journal International de Vitaminologie et de Nutrition, 53(1): 23 - 26.

Smith M, Wallace J, 1998. Influence of early post partum ovulation on the re - establishment of pregnancy in multiparous and primiparous dairy cattle [J]. Reproduction Fertility and Development, 10(2): 207 - 216.

Sprangers S, Piacsek B, 1997. Chronic underfeeding increases the positive feedback efficacy of estrogen on gonadotropin secretion [J]. Proceedings of the Society for Experimental Biology and Medicine, 216(3): 398 - 403.

Sren K J, Ricarda M E, Mette S, 1999. All - rac - α - tocopherol acetate is a better vitamin E source than all - rac - α - tocopherol succinate for broilers [J]. The Journal of Nutrition, 129(7): 1355 - 1360.

Tamminga S, 2006. The effect of the supply of rumen degradable protein and metabolisable protein on negative energy balance and fertility in dairy cows [J]. Animal Reproduction Science, 96(3 - 4): 227 - 239.

Tanumihardjo S A, Howe J A, 2005. Twice the amount of α - carotene isolated from carrots is as effective as β - carotene in maintaining the vitamin A status of Mongolian gerbils [J]. The Journal of Nutrition, 135(11): 2622 - 2626.

Tekpetey F, Palmer W, Ingalls J, 1987. Seasonal variation in serum β - carotene and vitamin A and their association with postpartum reproductive performance of Holstein cows [J]. Canadian Journal of Animal Science, 67(2): 491 - 500.

Thomas M, Bao B, Williams G, 1997. Dietary fats varying in their fatty acid composition differentially influence follicular growth in cows fed isoenergetic diets [J]. Journal of Animal Science, 75(9): 2512 - 2519.

Ullrey D, 1972. Biological availability of fat - soluble vitamins: vitamin A and carotene [J]. Journal of Animal Science, 35(3): 648 - 657.

Veerkamp R F, Koenen E P C, Jong G D, 2001. Genetic correlations among body condition score yield and fertility in first - parity cows estimated by random regression models [J]. Journal of Dairy Science, 84(10): 2327 - 2335.

Veerkamp R, Brotherstone S, 1997. Genetic correlations between linear type traits, food intake, live weight and condition score in Holstein Friesian dairy cattle [J]. Animal Science, 64(3): 385 - 392.

Veerkamp R, Oldenbroek G, Gaast H, et al, 2000. Genetic correlation between days until start of luteal activity and milk yield energy balance and live weights [J]. Journal of Dairy Science, 83(3): 577 - 583.

Velasquez - Pereira J, Chenoweth P, McDowell L, et al, 1998. Reproductive effects of feeding gossypol and vitamin E to bulls [J]. Journal of Animal Science, 76(11): 2894 - 2904.

Villa - Godoy A, Hughes T, Emery R, et al, 1988. Association between energy balance and luteal function in lactating dairy cows [J]. Journal of Dairy Science, 71(4): 1063 - 1072.

Wade G N, Schneider J E, Li H Y, 1996. Control of fertility by metabolic cues

[J]. American Journal of Physiology – Endocrinology and Metabolism，270 (1)：E1－E19.

Wade G N，Schneider J E，1992. Metabolic fuels and reproduction in female mammals [J]. Neuroscience & Biobehavioral Reviews，16(2)：235－272.

Wang J Y，Larson L L，Owen F G，1982. Effect of beta－carotene supplementation on reproductive performance of dairy heifers [J]. Theriogenology，18 (4)：461－473.

Ward G，Marion G，Campbell C，et al，1971. Influences of calcium intake and vitamin D supplementation on reproductive performance of dairy cows [J]. Journal of Dairy Science，54(2)：204－206.

Warembourg M，Perret C，Thomasset M，1986. Distribution of vitamin D－dependent calcium－binding protein messenger ribonucleic acid in rat placenta and duodenum [J]. Endocrinology，119(1)：176－184.

Waterman R，Sawyer J，Mathis C，et al，2006. Effects of supplements that contain increasing amounts of metabolizable protein with or without Ca－propionate salt on postpartum interval and nutrient partitioning in young beef cows [J]. Journal of Animal Science，84(2)：433－446.

Weiss A，Littman D R，1994. Signal transduction by lymphocyte antigen receptors [J]. Cell，76(2)：263－274.

Weiss W，Hogan J，Todhunter D，et al，1997. Effect of vitamin E supplementation in diets with a low concentration of selenium on mammary gland health of dairy cows [J]. Journal of Dairy Science，80(8)：1728－1737.

Weiss W，Smith K，Hogan J，et al，1995. Effect of forage to concentrate ratio on disappearance of vitamins A and E during in vitro ruminal fermentation [J]. Journal of Dairy Science，78(8)：1837－1842.

Westwood C，Lean I，Garvin J，et al，2000. Effects of genetic merit and varying dietary protein degradability on lactating dairy cows [J]. Journal of Dairy Science，83(12)：2926－2940.

Wilson C，1973. Vitamin C and fertility [J]. Lancet，302(7833)：859－860.

Wright I，Rhind S，Whyte T，et al，1992. Effects of body condition at calving and feeding level after calving on LH profiles and the duration of the post－partum anoestrous period in beef cows [J]. Animal Science，55(1)：41－46.

Yasothai R，2014. Importance of protein on reproduction in dairy cattle [J]. International Journal of Science Environment and Technology，3：2081－2083.

Zanton G，Bowman G，Vázquez－Añón M，et al，2014. Meta－analysis of lactation performance in dairy cows receiving supplemental dietary methionine sources or postruminal infusion of methionine ［J］. Journal of Dairy Science，97(11)：7085－7101.

第二章　奶牛繁殖技术

第一节　发情鉴定

发情鉴定指通过一定的方法将母牛的发情行为鉴定出来，是奶牛繁殖的前提和基础。本节重点介绍了奶牛发情鉴定的生理基础、常用方法及其应用，供基层繁殖技术人员学习参考。

>> 一、概念与原理

1. 母牛的生理发育期　母牛生理上性机能的发育是一个从发生到衰老的过程，为便于区分母牛的不同生理发育时期，一般人为将其分为初情期、性成熟期、适配年龄、体成熟期和繁殖能力停止期。因品种、地域环境、饲养管理水平等因素不同，奶牛不同品种甚至是同一品种不同个体之间的生理发育时期都可能存在差异。

母牛初次发情并排卵的年龄称为初情期。初情期前的母牛因卵巢上无黄体产生而缺少孕酮分泌，不能与体内雌激素协同作用引起外部发情表现，因此初情期前期母牛往往表现为安静发情。此时期母牛的生殖器官尚未发育成熟，即未达到完全性成熟状态，因此，不适宜参加配种。

初情期后一段时间，母牛的生殖器官逐渐发育成熟，具备了正常的繁殖能力，称为性成熟期。此时奶牛体内其他组织器官尚未达到完全成熟阶段，因此为避免母牛及胎儿的正常发育受到影响，此时期也不适宜参加配种。

性成熟期后，母牛继续发育，待其体重达到群体平均成年体重（体成熟）70%时即可参加配种，此时称为母牛的适配年龄。该阶段虽然母牛体内其他组织器官仍未完全发育成熟，但此时配种受胎并不会影响母牛及胎儿的后期发育。

正常状态下，母牛生长到一定年限后其繁殖能力逐渐消失，即进入繁殖能力停止期。初情期后到繁殖能力停止的时间称为母牛的繁殖年限。理论上，奶牛的繁殖年限为10～15年，但在实际生产中，奶牛的使用年限往往很难达到其繁殖年限的上限，平均在生产4～5胎后就因为各种机能下降而面临淘汰了。

2. 母牛的发情及发情周期　发情是指母牛发育到一定阶段时所发生的周期性性活动的现象，在行为上表现为吸引和接纳异性，在生理上表现为排卵、准备受精和妊娠。

发情周期是指从上一次发情开始到下一次发情开始的时间间隔，一般分为发情期（卵泡期）和间情期（黄体期），发情期又可细分为发情前期、发情期和发情后期（图2-1），间情期可分为间情前期和间情后期。奶牛发情周期平均为21 d，在18～24 d范围内变化均属正常。其中，卵泡期时间较短，一般为5～6 d，黄体期时间较长，一般为14～15 d。

在奶牛发情周期中，随着卵泡和黄体交替发育，引起内分泌（主要是雌激素及孕酮的分泌）变化，刺激母牛卵巢、生殖道、行为等发生一系列变化（表2-1）。

牛属于单胎动物，一般情况下，母牛发情时只有1个卵泡发育成熟并排卵，个别情况下可排出2个卵子，自然状态下极少数奶牛会排出3个以上卵子。

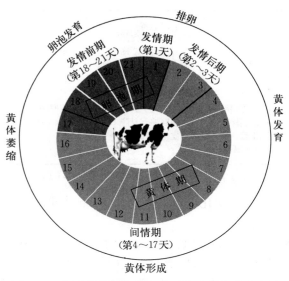

图 2-1 奶牛发情周期划分及对应卵巢变化示意图

表 2-1 发情周期不同时期母牛生理和行为主要变化

发情周期	卵巢特点	生殖道特点	子宫腺体活动	行为特点
发情前期	上次发情后形成的黄体萎缩退化，卵泡开始发育	生殖道上皮开始增生，外阴轻度充血肿胀，子宫颈松弛	腺体分泌开始加强，稀薄黏液逐渐增多	食欲减退，兴奋不安，接近其他母牛
发情期	卵泡迅速发育，体积不断增大	生殖道充血，外阴充血肿胀，子宫颈口开张，子宫输卵管蠕动加强	腺体活动进一步增强，阴道中流出透明黏液，可呈棒状悬挂	大声哞叫，常举起尾根，后肢开张作排尿状，稳定接爬
发情后期	成熟卵泡破裂排卵，新黄体开始形成	阴道充血状态消退，黏膜上皮脱落，外阴肿胀消失，子宫颈逐渐收缩	腺体活动减弱，分泌少而黏稠的黏液，子宫腺体肥大增生	性欲减退，逐渐安静下来，尾根紧贴阴门，不再接爬

（续）

发情周期	卵巢特点	生殖道特点	子宫腺体活动	行为特点
间情前期	黄体逐渐发育完全	子宫内膜增厚，黏膜上皮呈高柱状	子宫腺体高度发育，分泌活动旺盛	无
间情后期	未受精时，黄体逐渐退化；受精后，黄体转为妊娠黄体	增厚的子宫内膜回缩，黏膜上皮呈矮柱状	子宫腺体缩小，分泌活动停止	无

3. 母牛的发情周期调控机制 母牛发情周期过程中卵巢上卵泡和黄体周期性变化受下丘脑-垂体-卵巢轴的反馈调节（图2-2）。

（1）卵泡期 每个卵泡发育波开始出现前，下丘脑分泌促性腺激素释放激素（GnRH）增加，进而促进垂体促卵泡素（FSH）和促黄体素（LH）的合成及分泌；FSH 促进卵巢上有腔卵泡的发育，当最大卵泡直径达到 8 mm 时，其生长速度显著快于其他卵泡，成为优势卵泡。而在卵泡发育过程中，卵泡膜细胞合成和分泌雌激素（主要是雌二醇）增加，雌激素负反馈作用于下丘脑减少 GnRH 和垂体减少 FSH 的合成与分泌，非优势卵泡在缺少 FSH 的作用下逐渐闭锁退化。随着优势卵泡不断发育，其颗粒细胞的 LH 受体增加，同时子宫内膜细胞合成前列腺素（PG）溶解黄体，使奶牛体内孕酮浓度降低，消除孕酮对优势卵泡发育的抑制作用，优势卵泡发育成熟并在 LH 的脉冲式分泌刺激下排卵。

（2）黄体期 排卵后的卵泡颗粒细胞逐渐黄体化，并刺激黄体细胞分泌孕酮，孕酮的负反馈调节作用使下丘脑减少 GnRH 的分泌、垂体减少 FSH 和 LH 的分泌。若此时奶牛妊娠，则黄体持续分泌孕酮，维持妊娠直至分娩；若此时奶牛未妊娠，则在发情周期的 13 d 后子宫内膜合成 PG 增加，溶解黄体，孕酮浓度降低，孕酮对下丘脑-垂体的抑制作用解除，新的发情周期开始。

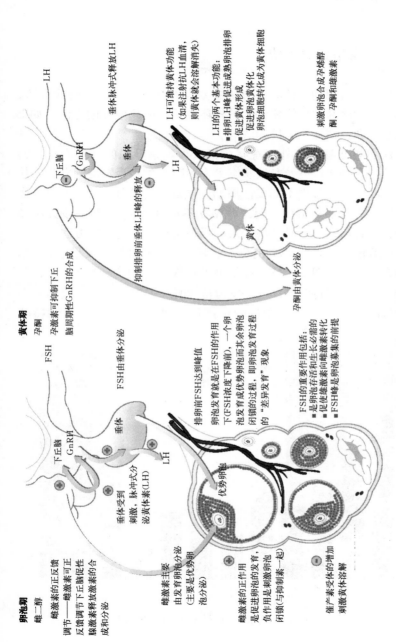

图2-2 母牛发情周期调控机制示意图

(朱化彬等，2014. 母牛发情周期——生殖系统解剖彩色图谱)

>> 二、发情鉴定方法

目前最常用的发情鉴定方法主要有外部观察法、直肠检查法、活动量监测法和尾根涂蜡法，另外还包括一些其他辅助方法，如B超诊断法和发情探测器监测法等。

1. 外部观察法 外部观察法指人为观察母牛的行为变化、爬跨、外阴部肿胀程度及黏液状态等来判断母牛是否发情的方法。其发情判断依据为母牛不同发情周期生理及行为特征（表2-1），最可靠依据为母牛开始接受爬跨并站立不动（稳定接爬）。该方法操作简单、容易掌握，是目前国内牧场最常用的发情鉴定方法。

一般情况下，约70%的母牛在晚上6：00到第2天早上6：00之间表现发情（图2-3）。青年牛平均接爬次数为10～20次、单次稳定接爬时间持续约30 s、发情持续时间为10～18 h；成母牛平均接爬次数为7～9次、单次稳定接爬时间持续约20 s、发情持续

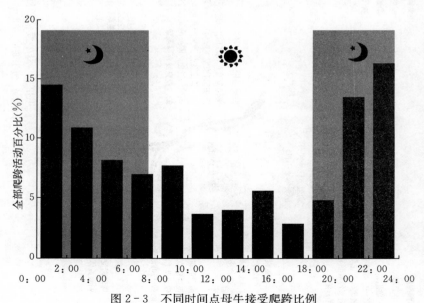

图2-3 不同时间点母牛接受爬跨比例

时间为 8～12 h。

2. 直肠检查法　直肠检查法指通过直肠触诊检查两侧卵巢上卵泡发育状态从而判断母牛是否发情的方法。其发情判断依据为卵泡大小、卵泡壁厚度、卵泡饱满程度等（图 2-4）。

卵泡出现期
触诊可感觉卵巢上有一个软化点，此时母牛已有轻微发情征状，处于发情前期

卵泡发育期
触诊可感觉卵泡直径达1.5cm左右，有波动感，此时母牛进入发情盛期

卵泡成熟期
触诊可感觉卵泡壁较薄，有一触即破的感觉，此时母牛发情征状已减弱，进入发情后期。该期是人工输精的最佳时期

排卵期
卵泡液流失，触诊可感觉到卵巢上有一个凹陷，此时母牛已停止发情有一段时间

图 2-4　卵泡发育阶段及其特征

直肠检查法可以直观地了解卵泡发育阶段和状态，有助于确定最佳配种时间，同时可检查子宫和卵巢情况，有助于甄别子宫及卵巢疾患，但要求操作人员具有一定的直肠把握经验和技巧，操作不当则容易造成卵巢及输卵管粘连。目前国内奶牛场，尤其是规模化奶牛场往往只针对久配不孕、久不发情等异常牛只采用直肠检查判断其繁殖状态。

3. 活动量监测法　活动量监测法是根据母牛发情时兴奋、焦躁不安、常发生追逐的特点，通过计步器监测母牛每天的活动量，以判断母牛是否发情的方法。一般情况下，母牛发情时的活动量比平时高出 2～4 倍。

目前牛用计步器主要有蹄部计步器和颈部计步器两种类型，通过射频技术将牛只每天的活动量反馈到监测软件上，便于技术人员随时监控发情牛只。

活动量监测法操作简单，不需要对技术人员进行专业培训，发情检出率可达 90% 以上，是目前规模化奶牛场普遍采用的一种发情鉴定方法。但该方法需要专门的设备和管理软件，成本较高，且受环境影响存在假发情现象。

4. 尾根涂蜡法 尾根涂蜡法是根据母牛发情时接爬或爬跨其他母牛的特点,通过在母牛尾根涂抹有色染料或放置带染料装置以监测其是否发生接爬或爬跨行为的方法。

目前奶牛场使用最频繁的涂蜡工具为家畜标记蜡笔,有红、蓝、绿等多种鲜亮颜色,便于区分。涂抹时,操作人员应侧身站立在牛尾部侧面,保持一定的安全距离防止被牛踢,然后在奶牛脊柱尾根背侧涂抹长为 15~18 cm(不超过 20 cm)、宽为 3~4 cm(不超过 5 cm)的长条状,注意涂抹时上下反复涂抹 2~4 次,保证涂抹处尾毛和皮肤上均有颜色即可,涂抹过浅或过深均会影响观察效果。

被爬跨的母牛,因多次磨蹭,其尾毛被压、染料被蹭掉或者颜色明显变浅(极少部分残留);未被爬跨的母牛,尾毛保持直立,染料颜色仍然鲜艳或轻微褪色;而爬跨其他牛只,则颈部会残留有色染料。

观察时注意区分奶牛接爬与尾部被其他牛只舔舐后痕迹的不同。被舔舐的牛只,一般尾毛倒向一侧,且尾毛湿润有舔舐痕迹,染料颜色只有部分褪去。

尾根涂蜡法操作简单,容易掌握,不需要对技术人员进行专业培训,发情检出率高,但需要定期涂抹蜡笔,工作量相对较大,适用于夜间无值班发情鉴定人员或放牧条件等不利于人工观察爬跨行为的牧场。

5. 其他辅助方法

(1)B超诊断法 B超诊断法是指利用 B 型超声仪通过直肠检查两侧卵巢上卵泡发育情况,从而判断母牛是否发情的方法。该方法能够在屏幕上更加直观地观察到卵巢上卵泡的数量和大小等情况,进而准确判断母牛的发情阶段。

兽用 B 超仪的作用原理是根据卵巢不同组织反射声波的差异,以回声形式在显示屏上形成明暗不同的光点,从而判断卵泡发育阶段、大小以及黄体结构和大小等。卵泡由于卵泡液吸收声波多,反射声波少,因而在显示屏上呈现为黑色;卵巢组织和黄体组织较致密，吸收的声波少，反射声波多，因此显示屏上呈现为白色（图2-5）。

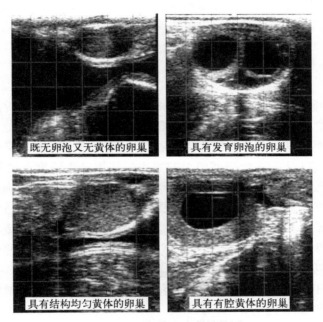

既无卵泡又无黄体的卵巢　　具有发育卵泡的卵巢

具有结构均匀黄体的卵巢　　具有有腔黄体的卵巢

图2-5　B超检查卵巢结构图

B超诊断法直观准确，同时能够检查出子宫及卵巢疾患，但对操作人员技术要求高，需要进行专业的培训，同直肠检查法类似，往往只针对久配不孕、久不发情等异常牛只使用以判断其繁殖状态。

（2）发情探测器法　发情探测器法是目前的研究热点，有3种类型，分别为压力感应型、温度感应型和电阻感应型。压力感应型同尾根涂抹法类似，同样是基于发情母牛爬跨行为的特点，在母牛尾根处固定放置压力感应器，当母牛发生爬跨行为时，压力感应器受到挤压自动反馈到监测软件上指示发情行为；温度感应型是将感温探针放置于母牛体内或体表，智能监测母牛体温变化以判断其是否发情的方法；电阻感应型是将探测器放置于母牛阴道内，监测母牛阴道黏液的电阻值以判断其是否发情的方法。

不管是哪种类型的发情探测器，都需要一定的设备投入，且受外界及个体影响较大，发情鉴定效率及准确度有待提高，因此仍处于研究阶段，奶牛场实际应用的较少。

>> 三、注意事项

1. 选择合适的发情鉴定方法 不同的发情鉴定方法所需要具备的条件不同，奶牛场应该结合自身的情况合理选择，不能盲目照搬别人的方法。外部观察法是基础，也是起点最低、应用最广泛的发情鉴定方法，适合任何类型的奶牛场使用。直肠检查法和 B 超诊断法要求操作人员具有一定的专业水平，但是能够更准确地判断母牛的繁殖状态，有利于诊断并及时治疗繁殖异常牛只，适合技术水平较高的奶牛场使用。活动量监测法需要一次性投入计步器和配套的奶牛场管理系统，适合经济实力较强的规模化奶牛场使用。尾根涂蜡法需要经常性涂抹蜡笔，适合人力、物力充足的奶牛场使用。但不管是选择哪种发情鉴定方法，只要使用得当，发情检出率均能达到 90%以上。

2. 准确判断母牛的发情表现 母牛的行为变化和卵泡发育状态是鉴定母牛发情的基础。不管采用哪种发情鉴定方法，甄别假发情现象及准确判断母牛发情行为，把握合适的人工授精时机是提高受胎率的关键。这就要求繁殖从业者要熟练掌握母牛发情周期不同生理阶段的行为特征，在观察发情时注重关键细节，避免过多误判造成的误配损失。

3. 影响发情检出率的因素 发情检出率是评价奶牛场发情鉴定水平的重要指标，受发情鉴定方法、母牛个体和环境因素等影响。在发情鉴定时，应注意以下影响因素，以提高发情检出率。

（1）发情鉴定方法 不同发情鉴定方法对应的母牛发情检出率不同，尤其是外部观察法，受人员责任心、观察时间、观察次数、单次观察持续时间等多方面影响（表 2-2）。目前多数奶牛场要求繁殖技术员每天的观察次数不少于 4 次，单次单舍观察持续时间不低于 30 min，部分奶牛场甚至安排专职人员定时定点观察发情，以保证发情检出率不低于 90%。

表 2-2 外部观察法发情观察时间及次数对发情检出率的影响

观察次数	观察时间点	发情检出率（%）
2	6：20、18：00	69
2	8：00、16：00	54
2	8：00、18：00	58
2	8：00、20：00	65
3	8：00、14：00、20：00	73
3	6：00、14：00、22：00	83
4	8：00、12：00、16：00、22：00	80
4	6：00、12：00、16：00、20：00	86
4	8：00、12：00、16：00、20：00	75
5	6：00、10：00、14：00、18：00、22：00	91

（2）母牛个体因素　不同母牛因个体差异、生理状态、体况、健康程度等不同表现出不同程度的发情行为，从而影响母牛的发情检出率，如成母牛的接爬次数和发情持续时间均少于青年母牛，高产奶牛的接爬次数和发情持续时间均少于中低产奶牛；过肥或过瘦母牛的接爬次数和发情持续时间均少于正常体况母牛。因此，针对不同牛群应特别注意其特有的行为特征，注重细节，准确把握发情鉴定时机。

（3）环境因素　饲养方式（放牧或舍饲）、牛舍种类（开放式、半封闭式和封闭式）、气候变化（炎热、降温、突发天气）等环境因素对母牛发情行为表现有显著影响。因此，在奶牛场管理过程中，应尽量减少牛群环境因素的变化，夏季做好防暑降温工作，冬季做好保暖御寒工作，平时注意避免频繁性的转群、转场行为等。

第二节　同期调控

　　同期调控技术是利用外源生殖激素诱导奶牛在相对集中的时间内发情配种的方法，能有效提高规模化奶牛场的配种效率。根据是否依赖发情鉴定的不同，同期调控技术分为同期发情技术和同期排卵-定时输精技术两种类型。本节重点介绍了这两种技术的作用原理、主要方法及其应用。

>> 一、同期发情

　　1. 概念与原理　同期发情技术是利用不同的外源生殖激素或其类似物处理母牛，通过延长或缩短牛群的黄体期，从而使一群母牛在相对集中的时间内发情的技术方法。

　　(1) 正常发情周期　如本章第一节所述，奶牛发情周期平均为21 d，可分为卵泡期和黄体期，卵泡期时间较短，一般为5～6 d，黄体期时间较长，一般为14～15 d。正常情况下，奶牛的发情周期受下丘脑-垂体-卵巢生殖轴反馈调节，有规律地起始一次又一次的发情周期（图2-6A）。

　　(2) 缩短黄体期　通过肌内注射外源性前列腺素（PG）或其类似物可诱导母牛卵巢上功能性黄体退化，黄体细胞分泌孕酮量减少，体内孕酮含量降低，解除孕酮对卵泡发育的抑制作用，使卵泡继续发育成熟并排卵，发育中的卵泡分泌雌激素，使母牛在相对集中的时间内发情（图2-6B）。

　　(3) 延长黄体期　通过持续性给予外源孕激素处理（如埋置孕酮阴道栓或连续注射黄体酮），类似于给母牛增加了一个人工黄体，处理期间无论母牛卵巢上是否存在功能性黄体，外源孕激素都使母牛体内孕酮含量维持在较高水平，抑制母牛卵巢上卵泡发育和发情行为。处理一段时间后停止给予外源孕酮，母牛体内孕酮水平迅速下降，卵泡发育的抑制作用被解除而恢复正常发育，形成优势卵泡并发育成熟，此时卵泡分泌大量雌激素，使母牛在相对集中的时间内发情（图 2－6C）。

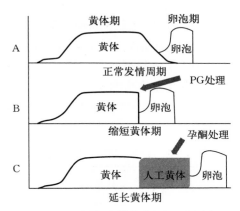

图 2－6　同期发情技术原理示意图

A. 正常发情周期　B. 缩短黄体期　C. 延长黄体期

2. 同期发情方法　常用同期发情方法主要有 3 种，分别是一次 PG 法、两次 PG 法和孕酮诱导法。

（1）一次 PG 法　在母牛发情周期任意一天肌内注射 PG 或其似物，然后观察发情，一般情况下约 50% 的母牛在注射 PG 后的 2～5 d 内集中发情。

（2）两次 PG 法　在母牛发情周期任意一天肌内注射 PG 或其类似物，间隔 10～14 d 后再次肌内注射 PG 或其类似物，然后观察发情，一般情况下约 70% 的母牛在第二次注射 PG 后的 2～3 d 内集中发情。

（3）孕酮诱导法　孕酮诱导法分为单一孕酮诱导法和 PG 混合诱导法两种类型。

单一孕酮诱导法是在母牛发情周期任意一天开始给予外源孕酮处理（阴道埋置孕酮栓、每天持续性肌内注射黄体酮或者口服孕酮类制剂），9～14 d 后停止孕酮处理，一般情况下约 70％的母牛在停止孕酮处理后的 2～5 d 内集中发情。

　　以埋置孕酮栓为例，PG 混合诱导法又分为 7 d 埋置法和 12 d 埋置法两种。7 d 埋置法指在母牛发情周期任意一天阴道埋置孕酮栓（CIDR），7 d 后撤除孕酮栓并同时肌内注射 PG 或其类似物，一般情况下约 80％的母牛在撤除孕酮栓后的 2～3 d 内集中发情；12 d 埋置法指在母牛发情周期任意一天阴道埋置孕酮栓（记为第 0 天），第 9 天肌内注射 PG 或其类似物，第 12 天时撤出阴道栓，一般情况下约 90％的母牛在撤除孕酮栓后的 2～3 d 内集中发情。

　　不同同期发情方法在保定次数、处理天数和同期发情率等方面存在不同（表 2 - 3）。

表 2 - 3　不同同期发情方法对比

同期方法	保定次数	激素成本	处理天数（d）	集中发情天数（d）	同期发情率
一次 PG	1	低	2～5	2～5	50％～60％
两次 PG	2	适中	12～16	2～3	60％～80％
单一孕酮	2	高	11～17	2～3	60％～80％
CIDR+PG(7 d)	2	高	8～10	1～3	80％～90％
CIDR+PG(12 d)	3	高	12～14	1～3	90％～95％

　　3. 注意事项　同期发情技术是规模化奶牛场调控母牛发情周期以提高配种效率的有效方法，但是在应用过程中应重点注意以下事项。

　　（1）预防流产　同期发情处理时常用的 PG 可溶解母牛卵巢上妊娠黄体，引起妊娠牛只发生流产，因此在注射 PG 前，务必应确认母牛妊娠状态，妊娠或孕检可疑牛只禁用。

　　（2）预防感染　同期发情处理时常用的 CIDR 一般需要埋置到母牛阴道内，与子宫颈外口相邻，因此在埋置时应注意清洗母牛外阴和全程操作无菌，避免操作不当引起阴道及子宫感染。

　　（3）注意药品保存环境　同期处理常用药品一般要求低温避光

保存，保存不当可能会造成药效降低，影响同期发情率。

（4）避免激素滥用 不同厂家、不同种类的同期药品有效含量可能不同，使用时应依据药品使用说明书中推荐剂量使用，切勿私自加大剂量或者不按照程序频繁使用激素产品，激素滥用有可能会造成母牛内分泌系统紊乱，影响母牛正常发情。

>> 二、同期排卵-定时输精

1. 概念与原理 同期排卵-定时输精技术（timed artificial insemination，TAI）是根据卵泡发育波特点，利用不同的外源生殖激素或其类似物按照一定的程序处理一群母牛，使其在相对集中的时间内同步发情和同步排卵，并于相对固定的时间内进行人工授精的技术方法。与同期发情技术相比，TAI 技术更加侧重于使处理母牛在相对集中的时间内同步排卵，即排卵同期化。

正常情况下，母牛发情周期过程中有 2～3 个卵泡发育波，即 2～3 批数量不等的生长卵泡经历募集、选择、优势化等过程，其中最大的卵泡发育成为优势卵泡，但是只有黄体退化后的优势卵泡能够发育成熟并排卵，其余卵泡均在不同发育阶段闭锁退化（图 2-7）。

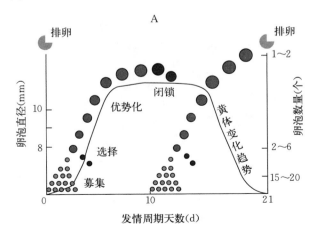

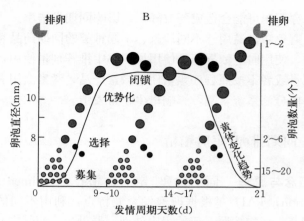

图 2-7　母牛卵泡发育波示意图

A. 两个卵泡发育波　B. 三个卵泡发育波

同期排卵-定时输精技术经典程序（Ovsynch）由 Pursley 等于 1995 年提出，处理方法为在母牛发情周期任意一天肌内注射 GnRH，7 d 后肌内注射 PG，2 d 后第二次注射 GnRH，16～18 h 后不管牛只是否发情对所有处理母牛进行定时人工授精，有效解决了奶牛发情检出率低和久不发情等问题。其技术原理如下（图 2-8）。

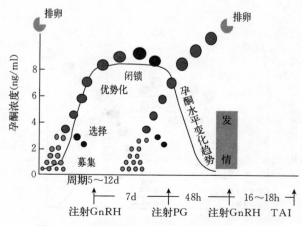

图 2-8　同期排卵-定时输精技术原理示意图

第一次注射 GnRH 时，促进垂体合成分泌 FSH 和 LH 增加，使卵巢上优势卵泡发育成熟并排卵形成新的黄体，诱导新卵泡发育波发育；7 d 后注射 PG 可溶解此时新形成或之前残留的功能性黄体，黄体溶解引起母牛体内孕酮含量降低，解除了孕酮对卵泡发育的抑制作用，优势卵泡具备发育成熟的能力，并合成分泌雌激素，诱导母牛发情；2 d 后第二次注射 GnRH 再次促进垂体 LH 的合成分泌，诱导母牛体内发育成熟的优势卵泡在 LH 峰刺激下同步排卵。研究表明，约 90% 的母牛能够在第二次注射 GnRH 后的 28 h 内排卵，因此选择在第二次注射 GnRH 后 16~18 h 时不管牛只是否发情，均采用定时方式进行人工授精。

2. 同期排卵-定时输精方法 为了提高奶牛同期排卵-定时输精的受胎率，基于 Ovsynch 程序，通过调整激素搭配及定时输精时间衍生出了其他一系列 TAI 方法。

(1) 选择性同期排卵程序（Select Synch） 省去 Ovsynch 原程序的第二次 GnRH 注射，即在母牛发情周期任意一天注射 GnRH，7 d 后注射 PG，然后集中观察发情，约 70% 的母牛在注射 PG 后 5 d 内发情并排卵。该程序可省去第二次 GnRH 注射，节省激素成本，但仍依赖于发情鉴定，参配率不能达到 100%。

(2) 48 h 同期排卵程序（Cosynch-48） 将 Ovsynch 原程序的定时输精时间提前到第二次注射 GnRH 时，即注射 PG 2 d 后第二次注射 GnRH 的同时进行人工授精。该程序省去了 1 次保定处理次数，减少处理应激，不管母牛发情与否均进行人工授精，参配率可达 100%，但因为提前配种，相对于原程序来说，母牛受胎率降低约 5%。

(3) 72 h 同期排卵程序（Cosynch-72） 将 Cosynch-48 程序中第二次 GnRH 注射时间推迟 24 h，即注射 PG 后 72 h 进行第二次 GnRH 注射并同时人工授精。该程序相对于 Cosynch-48 程序而言，保证了卵泡有更充分的发育时间，配种受胎率能够与 Ovsynch 原程序持平。

(4) 56 h 同期排卵程序（Ovsynch-56） 将 Ovsynch 原程序中

第二次注射 GnRH 的时间延后 8 h，即注射 PG 后 56 h 第二次注射 GnRH，16 h 后再进行定时输精。该程序可使被处理母牛卵巢上卵泡有更多的时间生长发育，并且优化了第二次注射 GnRH 到定时输精的时间，相对于其他定时输精程序而言，配种受胎率最高，成为目前奶牛场普遍选择使用的定时输精程序。

（5）孕酮诱导同期排卵程序（CIDR - Synch）　指在原定时输精程序第一次注射 GnRH 和 PG 期间增加 CIDR 处理，其他程序不变。该方法对于诱导卵巢静止、久不发情等异常牛只具有较好效果。

不同 TAI 程序在保定次数、激素成本及处理效率等方面存在不同（表 2 - 4）。

表 2 - 4　不同同期排卵-定时输精程序对比

定时输精程序	保定次数	激素成本	处理天数	参配率	配种受胎率
Select Synch	3	较低	10	70%～80%	40%～50%
Ovsynch	4	适中	11	100%	30%～40%
Cosynch - 48	3	适中	10	100%	25%～35%
Cosynch - 72	3	适中	11	100%	30%～40%
Ovsynch - 56	4	适中	11	100%	35%～45%
CIDR - Synch	4	较高	11	100%	40%～45%

3. 注意事项　同期排卵-定时输精技术可以使一群母牛在一定时间内全部参配，通过提高参配率进而提高配种效率，有效解决了母牛久不发情及发情检出率低的难题，目前在奶牛场中普遍使用。应用定时输精程序时应注意以下事项。

（1）选择适合的定时输精程序　不同定时输精程序之间有所侧重，奶牛场应根据牛群实际状态和繁殖管理目标，结合人力和物力条件，选择适合自己奶牛场的定时输精程序，切不可盲目照搬别人的程序。

（2）注意严格按照所选程序执行　不管选用哪种定时输精程

序，应严格按照程序进行激素处理，缺少任一环节都将影响整体效果，造成程序处理失败的后果。

（3）注意观察发情　虽然定时输精程序可以不经过发情观察而直接定时输精，但是并不代表可以完全取缔发情鉴定工作。在实际应用过程中，应遵循母牛的自然发情周期，无论在程序处理过程中的任何阶段母牛有明显发情表现都应适时进行人工输精，省去后续不必要的激素成本，定时输精的目的只是保证程序结束时奶牛全部参配。

（4）注意激素保存环境　与同期发情技术所用激素药品一样，定时输精所用激素药品也应注意低温避光保存，避免药效降低。

（5）避免激素滥用　相对于同期发情所用激素药品而言，定时输精所用激素药品更应该注意处理剂量和处理频次，应严格按照药品说明书推荐剂量和程序流程使用，避免激素滥用造成的母牛繁殖系统紊乱。

>> 三、同期调控技术应用

1. 同期调控技术在青年牛中的应用　正常情况下，初情期后的青年母牛发情周期和排卵正常，发情症状明显，发情检出率和人工授精情期受胎率较高，因而青年母牛一般采取自然发情-人工授精方式配种即可，无须进行同期调控处理。但是牛群自然发情时间相对比较分散，为了适应奶牛场的规模化、集约化发展，便于生产管理，调控奶牛配种及产犊时间，或者为了在短期内完成大量青年母牛的配种工作，同期调控技术就显得至关重要。

在实际生产中可优先选择两次 PG 法进行同期处理，既方便操作，又经济实惠，约 70% 的牛群可在一次处理后完成配种工作；当然如果想要进一步加快配种效率，可以考虑采用改进的连续 PG 注射法（也可称为三次 PG 法，见图 2-9），即在青年母牛发情周期任一天（记为第 0 天）肌内注射 PG，观察发情并适时进行人工授精，第 7 天时对所有未发情牛只进行第二次 PG 注射，观察发情

并适时进行人工授精，第 14 天时对所有未发情牛只进行第三次 PG
注射，同样观察发情并适时进行人工授精，第 21 天时仍未发情的
牛只，通过直肠检查或者 B 超检查其卵巢状态，根据卵巢情况合
理选择后续处理方式。如果为卵巢静止牛只，可以选择孕酮诱导法
对其进行处理；如果卵巢有正常活性，可以直接采用 Ovsynch-56
等定时输精程序。

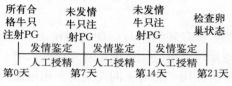

图 2-9　三次 PG 法同期发情处理程序

　　针对久配不孕牛只，通过直肠检查或 B 超检查子宫及输卵管
状态，排除炎症异常后可以直接采用 CIDR-Synch 定时输精程序，
以提高配种受胎率。

　　2. 同期调控技术在成母牛中的应用　成母牛因产后恢复情况不
同，产后发情时间存在个体差异，但整体发情持续时间短，久不发
情比例高，因而发情鉴定难度较大。通过同期调控技术人为调节母
牛的发情周期，可以有效降低发情鉴定的难度，提高成母牛参配率。
相对于青年母牛来说，同期调控技术在成母牛中的应用更为重要。

　　在实际生产中，奶牛场可根据牛群情况和繁殖管理目标，在成
母牛产后自愿等待期内进行不同的预同期处理，从而使得成母牛在
自愿等待期结束后能够及时参加配种，同时针对配后孕检未孕牛只
及时采用再同期处理，提高配种效率，减少空怀时间。

　　（1）预同期处理　预同期处理是在产后自愿等待期前的一定时
间预先应用激素处理母牛，调整母牛产后发情周期，使得母牛在自
愿等待期结束后能够达到最佳的繁殖状态参加配种。常用的预同期
处理程序有两次 PG 法（Presynch-11 法）、G6G/G7G 法和双
Ovsynch 法等（图 2-10）。

　　以两次 PG 预同期法为例，第一次注射 PG 后，部分成母牛有

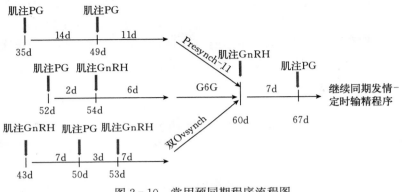

图 2-10　常用预同期程序流程图

明显发情表现，但是此时仍处于自愿等待期内，不能进行人工授精；第二次注射 PG 后，发情的牛只已经度过了自愿等待期，可以适时进行人工授精；两次 PG 处理后仍未发情牛只则进入 Ovsynch-56 等定时输精程序处理阶段，在产后 70 d 时能够保证所有正常牛只 100%参加配种。

（2）再同期处理　预同期程序为奶牛场控制母牛产后第一次配种天数提供了有效手段，但是一般情况下母牛产后首次配种受胎率只有 30%～40%，而大部分母牛在首次配种之后仍处于空怀状态。因此，及时发现空怀母牛并再次配种成为繁殖管理中不容忽视的一环。

早孕检测及再同期处理（图 2-11）是解决空怀母牛再次及时参配的有效手段。

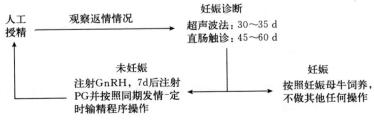

图 2-11　空怀母牛适时再同期处理流程图

早孕检测及再同期处理相结合使用，能够保证空怀母牛及时参加人工授精，有效缩短母牛的空怀时间，但是需要特别注意的是，对于未明确是否妊娠的母牛不能注射 PG 或其类似物，也不能再次配种，以免引起妊娠母牛流产，带来不必要的经济损失。

第三节　选种选配

选种选配是奶牛场不容忽视的工作，是获得优质、健康、长寿奶牛的前提和基础，本节重点介绍了选种选配的方法及其注意事项，供奶牛场基层育种技术人员参考。

>> 一、概念与原理

选种选配是指通过人为控制奶牛个体的繁殖机会，根据育种目标选择综合遗传素质优秀的公牛与母牛进行有计划配种，尽可能优化地开发利用奶牛品种的遗传变异，促进奶牛种群遗传优势的传递和合理组合。

选种是通过生产性能测定开展遗传评估，发掘优良基因，培育优秀个体，是选配的工作基础和前提；选配可以寻找最佳组合，促进遗传优势的传递，为下一世代选种提供素材；选种、选配两者相辅相成，通过巩固优良性状和改良缺陷性状使奶牛生产获得最大的经济效益。

>> 二、选种选配方法

1. 选种选配原则　为了保证遗传改良预期效果，选种选配时必须遵循以下原则：

（1）实施定向选育，制定长期的选种选配计划，最大程度发挥优秀个体的遗传优势；

（2）每次最多考虑 3 个目标性状，最好为 2 个；

（3）应有利于巩固优良性状、提高奶牛的生产品质及外貌特征；

（4）尽量回避缺陷性状，避免缺陷性状加强；

（5）尽量避免近亲交配，保证近交系数≤4%；

（6）青年母牛，尽量选择后代产犊容易的公牛精液进行选配，降低头胎难产率。

2. 选种选配分类 选种选配一般有下面三种分类方式。

（1）根据选种选配范围可以分为个体选种选配和群体选种选配。

个体选种选配：针对每头牛的特点选择最佳组合，一般用于培育种牛。

群体选种选配：根据牛群普遍特点选择 1~2 头主配公牛，其他公牛作为辅助，多用于生产牛群。

（2）根据个体间品质类型可以分为同质选配和异质选配。

同质选配：指选择具有相同优良性状的公母牛进行交配，其目的是使亲代的优良性状稳定地遗传给后代，使优良品质得以巩固、发展和加深，多用于培育种牛。

异质选配：指选择具有不同优异性状或同一性状但优劣程度不同的公母牛进行交配，其目的在于矫正不良性状，多用于生产牛群。

（3）根据个体亲缘关系可以分为近亲选配和远亲选配。

近亲选配：指亲缘关系相近的个体间的交配，与同质选配类似，其目的是用于巩固优良性状，使群体的杂合性降低，纯合性提高，使遗传性状逐渐稳定，多用于培育种牛。

远亲选配：指亲缘关系远的个体间的交配，多用于生产牛群。

3. 选种选配流程

（1）选种流程

① 公牛选种 公牛选种主要通过全基因组选择和后裔测定等

方式开展遗传评估，进而决定选留个体。

A. 全基因组选择　借助覆盖全基因组的遗传标记信息，对重要经济性状进行遗传标记辅助选择，估计各性状的基因育种值，并以此为基础预估公牛种用价值的技术过程。

B. 后裔测定　根据公牛后代的生产性能测定记录、体型鉴定评分以及繁殖、健康、长寿性等功能性状数据，使用特定的统计分析方法估计各性状的育种值，并以此为基础计算选择指数，评定公牛种用价值的技术过程。该过程主要由专业的奶牛育种机构完成，目前已有国家统一标准（GB/T 35569—2017）。

② 母牛选种　母牛选种主要通过体型鉴定和生产性能测定来决定个体选留。

A. 体型鉴定　指对奶牛体型进行数量化评定的方法。该过程一般由专业的体型鉴定员来完成，奶牛场也可以参考评定标准进行自评（GB/T 35568—2017）。

B. 生产性能测定（dairy herd improvement，DHI）　对泌乳牛的泌乳性能及乳成分进行测定。该过程一般由专业的 DHI 测定中心完成。

测定内容主要包括日产乳量、乳脂肪、乳蛋白质、乳糖和体细胞数等；测定对象为产后 5 d 到干乳期间的泌乳牛；测定间隔一般为（30±5）d；每次每头牛按照早、中、晚 4∶3∶3 的比例采集40 mL 的混合样品送到 DHI 测定中心。

DHI 测定中心根据测定结果输出 DHI 鉴定报告，内容包含日产乳量、乳脂率、乳蛋白率、泌乳天数、胎次、校正乳量、前次乳量、泌乳持续力、脂蛋白比、前次体细胞数、体细胞数、总产乳量、总乳脂量、总蛋白量、高峰乳量、高峰日、90 d 产乳量、305 d 预计产乳量、群内级别指数（WHI）和成年当量等指标。

DHI 测定结果可以直观地反映出奶牛个体的生产水平，为选种选配提供有效参考。

（2）选配流程

① 评估牛群现状　通过系谱记录、生产性能测定报告、体型

鉴定结果、繁殖性能记录等数据资料分析现有牛群需要改进的性状（异质选配）和需要巩固的优良性状（同质选配）。

② 确定育种目标　结合牛群现状，合理确定育种目标，目标性状一般不能超过 3 个，最好为 2 个。

③ 制订选配计划　根据育种目标，确定选配计划类型，即产乳量选配计划或平衡型选配计划或增加体型选配计划，然后筛选 1～2 头符合要求的主配公牛和 1～2 头辅助公牛开始配种。

④ 调整选配组合　根据遗传进展持续评估牛群现状，不断更新选配组合，开展定向选育。

（3）系谱性能数据

① 国内种公牛系谱及性能数据　中国乳用种公牛遗传评估数据一般按照年度进行发布，可通过中国畜牧兽医信息网和中国奶业协会数据平台查询下载。该评估报告详细介绍了乳用种公牛的遗传评估方法、评估结果和国内排名情况；同时也可以在中国奶业协会数据平台首页录入种公牛号查询相关信息，如系谱、遗传评估育种值和生产性能等。

② 国外种公牛系谱及性能数据　国外种公牛系谱及性能数据可通过国际公牛遗传评定服务机构、美国荷斯坦协会和加拿大奶业数据网等查询。荷斯坦牛官方系谱一般将祖先、生产性能和遗传信息整合在一起形成一套完整资料，便于牛只评估和选种选配使用。

>> 三、注意事项

1. 合理确定育种目标　确定育种目标时，不能只盲目关注生产性状，要注重平衡育种理念，即重视产乳量的同时，也要重视乳成分的改进，重视生产性状的同时，也要关注繁殖和健康性状，同时还要重视奶牛长寿性对终身经济效益的贡献。

2. 注重长期定向选育　在制定选种选配计划时，要注重长期定向选育，切不可随意更改育种目标，造成已固定的优良性状退化，影响遗传改良进展。

3. 避免进入选种选配误区 在实际生产中，应该注意避免进入以下误区。

（1）"进口冻精一定比国产冻精好"，盲目依赖进口冻精。

（2）"高价冻精一定好"，只关注精液价格，不关注公牛各性状品质。

（3）盲目照搬别人的育种目标，不结合自己的牛群现状。

（4）盲目追求无任何缺陷的公牛。

（5）过分强调产乳量，不注重其他性状。

（6）企图用好的冻精一次性改良一群母牛，不注重长期定向选育。

选种选配是一项需要长期坚持的工作，是奶牛场获得优质、健康、长寿奶牛的前提和基础，切不可只关注眼前利益，不注重长期规划。

第四节 人工授精

人工授精技术是目前奶牛场最常用的繁殖方式，也是基层配种员必须熟练掌握的技术方法，本节重点介绍了人工授精技术的基本方法、操作技巧及其注意事项。

>> 一、概念与原理

牛人工授精技术是利用一定的器械（人工输精枪或可视输精枪）将事先准备好的公牛精液（鲜精或解冻后的冷冻精液）输入到发情母牛子宫内使其妊娠的繁殖技术。

因其具备以下优势，目前该技术已经成为国内外奶牛繁殖后代的最主要配种方法。

（1）极大地提高了优秀种公牛精液的使用效率和范围。与自然交配方式相比，人工授精技术可使公牛的配种效率提高几千倍甚至是上万倍，从而极大地提高了优秀种公牛的利用效率；同时，通过精液冷冻技术，可以促进优秀公牛的精液在世界范围内流通和使用。

（2）能够克服种公牛生命时间和利用年限的限制。

（3）避免了自然交配时公、母牛生殖器官直接接触所引起的疾病感染与传播。

（4）克服了某些母牛生殖道异常所引起的受孕困难问题。

（5）结合精液分离性控技术，可实现后代的精准性别控制。

>> 二、人工授精方法

1. 人工授精的基本操作步骤 牛人工授精技术包含精液制作（采精、精液质量检查、精液稀释、精液冷冻保存）和人工授精（精液解冻、人工输精）两个技术环节，其中精液制作环节主要由专业的种公牛站完成，一般奶牛场只需要选购适合自己牛群的种公牛冻精来完成人工输精操作即可，因此，奶牛场层面的人工授精技术可以简化为精液质量检查、精液解冻和人工输精三个环节。

（1）精液质量检查 精液质量检查是决定人工授精成败的关键，但往往是大多数奶牛场最容易忽视的环节。一般情况下，在奶牛场正常保存精液的过程中（无运输、倒罐、忘加液氮等异常情况发生）应保持每个月至少 1 次的频率定期检查精液质量，奶牛场采购的新购精液也应该第一时间进行质量检查，确保无误后方可投入使用。

标准的精液质量检查包括细管精液剂量、精子活力、前进运动精子数、精子畸形率、细菌数等指标，具备条件的奶牛场可以严格按照国标（《牛冷冻精液》GB 4143—2008）要求（细管冻精解冻后剂量应符合：微型≥0.18 mL，中型≥0.40 mL；精子活力≥0.35，前进运动精子数≥800 万个，精子畸形率≤18%，细菌数≤800 个）进行全面检查，具体检查方法可参考国标要求。不具备条件的奶牛场至少应该定期检查精子活力，即随机取 1 支解冻后的细管冻精轻甩混匀，推出 1 滴精液在载玻片上，盖上盖玻片放置到预热好（38 ℃左右）的光学显微镜载物台上，放大 100～400 倍观察直线前进运动的精子数占总精子数的百分比，通过目测法进行评定，精子活力≥0.35 即为合格（图 2-12）。

解冻精液，滴一滴精液　　　　　盖好盖玻片　　　　　调整视野
到载玻片上　　　　　　　　　　　　　　　　　　　观察质量

图 2-12　精液质量检查流程图

（2）精液解冻　精液解冻应遵循现配现解的原则。解冻时操作人员左手提出精液提桶，右手持长柄镊子迅速（5 s 内）取出需要的细管冻精后，立即将提桶放回液氮罐内，同时将右手的细管冻精在空气中短暂停留后（约 2 s）放入 36～38 ℃温水中解冻 30～45 s，用干净纸巾擦干细管外壁水分后即可装枪备用。

在精液解冻时注意提桶切不可提出液氮罐罐口，避免精液反复冻融影响精子活力；同时，精液解冻后应尽快完成人工输精操作，尽量不超过 15 min，避免精液在体外长期停留影响精子活力。

（3）人工输精　人工输精的方法主要有直肠把握法和可视输精法两种，其中直肠把握法最为常用。

① 直肠把握法操作流程

A. 输精前准备　在正式进行人工输精之前应首先准备好所需要的物品，主要包括人工输精枪（常用的为 0.25 mL 规格，此外还有 0.5 mL 规格和通用输精枪）、输精外套（如果是裸露的输精外套需要额外配备外套软膜）、长臂手套、解冻杯、温度计、精液细管剪刀、石蜡油、纸巾等（图 2-13）。

B. 牛只保定与检查 牛舍配备颈夹的奶牛场可选择在上料的时间段内统一保定牛只，方便进行技术操作，没有颈夹的奶牛场可以在赶牛通道适当位置增设配种保定区。

图 2-13 人工输精所需物料清单汇总图

保定好的牛只，要通过直肠把握检查其子宫及黏液状态，排除炎症、确保子宫正常后方可进行输精。技术熟练的配种员也可以检查奶牛卵巢及卵泡状态，判断其是否处于最佳配种时间。

C. 精液解冻及装枪 精液解冻方法见前文所述。用干净纸巾擦干细管外壁水分后，将细管精液棉塞端平行装入输精枪管套内，封口端预留 1.2~1.5 cm 在输精枪外，用精液细管剪刀剪去封口，最后装入输精外套内。有条件的奶牛场可在牛舍内现场解冻装枪，便于配种员能够及时进行输精。

D. 人工输精操作 直肠把握法输精既可以使用左手操作也可以使用右手操作，以不同配种员操作习惯为准。下面以左手操作为例介绍输精操作流程。

配种员左手佩戴长臂手套，右手把握牛尾，用石蜡油或清水浸湿长臂手套后，五指并拢成锥形缓慢插入母牛直肠内，不熟练的配种员要彻底清除直肠内粪便以便于操作；右手将尾巴摆放到左手臂外侧并通过左手臂将尾巴挡在操作区外，腾出的右手取干净纸巾擦去外阴的粪便（注意要彻底擦拭干净，避免进枪过程带入粪便污染子宫内环境）；直肠内的左手臂轻微下压分开外阴门，右手持输精枪使其斜向上倾斜 45°，缓慢插入母牛阴道，沿着阴道上壁缓缓插入以避开尿道口，然后再平行插入到子宫颈外口；拔掉输精枪外套保护软膜，左手把握子宫颈外口，双手配合使输精枪依次通过子宫颈外口、颈内褶皱、子宫颈内口，检查确定枪尖到达子宫体前端后推送精液完成输精操作（图 2-14）。

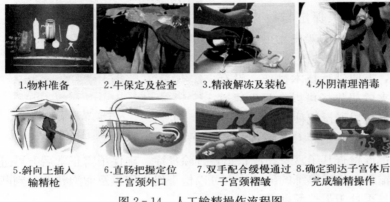

1.物料准备　2.牛保定及检查　3.精液解冻及装枪　4.外阴清理消毒

5.斜向上插入
输精枪　6.直肠把握定位
子宫颈外口　7.双手配合缓慢通过
子宫颈褶皱　8.确定到达子宫体后
完成输精操作

图 2-14　人工输精操作流程图

②可视输精法操作流程　可视输精法指通过可视输精枪屏幕观察，准确找到子宫颈口的位置，再将细管输精枪插入子宫颈口，穿越褶皱进入子宫体完成输精的方式（图 2-15）。该方法可以直观地看到子宫颈外口位置及形态，适用于初学者及作为教学材料使用。

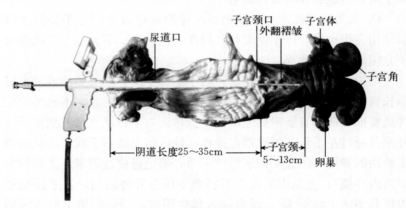

图 2-15　可视输精操作示意图

可视输精法操作流程大体可以分为以下 6 个步骤（图 2-16）。

A. 可视输精设备清洗消毒　在使用可视输精枪前需要对探杆

1.设备清洗消毒　　2.安装外保护膜　　3.斜向上进入母牛阴道

4.通过屏幕找到子宫颈外口　5.插入输精枪　6.完成输精，清洗设备

图 2-16　可视输精操作流程图

和探头进行清洗消毒，避免在输精过程污染母牛阴道。使用清水将探杆冲洗干净，然后用纸巾擦拭干净即可。如果使用酒精擦拭消毒，需要注意待酒精自然挥发之后再使用，避免酒精刺激引起母牛不适影响后续操作。

B. 安装外保护膜　可视输精枪清洗完成后，开机检查是否正常，确认设备正常后安装外保护膜，避免操作过程带入粪便等污染子宫内环境。

C. 斜向上进入母牛阴道　手持可视输精枪斜向上倾斜 45°缓慢插入母牛阴道，沿着阴道上壁缓缓插入以避开尿道口，然后再平行插入阴道深部，直至受到阻力停止，拉破探杆外保护膜。

D. 确定子宫颈外口位置并调整角度　借助屏幕通过前、后、上、下调整位置以寻找子宫颈外口，如果阴道黏液过多影响屏幕清晰度，可连续按压手柄前端吹气按钮，以吹开探头前方黏液；根据子宫颈口的形态调整可视输精枪的角度，直到大部分屏幕能看到完整的子宫颈口为止，并时刻保持子宫颈口处于屏幕正中间位置。

E. 插入输精枪完成输精　手握细管输精枪从可视输精枪的输

精通道插入，到达子宫颈外口后，顺着子宫颈口的方向上抬，顺势轻轻将细管枪头插入其中，在插入过程中需时刻注意调整角度，保证输精枪与子宫颈平行进入，并同时感受通过子宫颈三道褶皱时的卡顿感，待插入深度为 6～13 cm（在子宫颈口形态不变的情况下，以输精枪进入深度为准）或手感有通过 2～3 层褶皱后即到达最佳输精部位，此时推动输精枪内芯完成输精操作。

F. 清洗设备　输精完成后，先拔出细管输精枪，再退出可视输精枪，然后清洗探杆和探头。

2. 人工授精核心要点

（1）合理把握输精时机　合理把握输精时机是影响人工授精受胎率的重要因素，过早或过晚输精都会错过精卵结合的最佳时机。一般来说，母牛发情结束后 10～16 h 内排卵的概率可高达 90%，而发情持续时间可达 8～16 h，输精后精子在母牛子宫内运动到受精部位并获能具备受精能力需要 2～6 h 的时间，同时考虑精子等卵子的原则（精子在母牛体内具有受精能力的时间可达 24～30 h，而卵子排卵后具有受精能力的时间只有 10～12 h），因此最佳的输精时间是首次看到母牛爬跨后 12～18 h（图 2-17）。

生产实际中为了便于操作，一般采用"上下午法"，每个情期配种 1 次，即早晨到上午看到母牛稳定接爬，在傍晚进行配种；下午到晚上看到母牛稳定接爬，在第 2 天上午进行配种。有条件的牧场也可以采用每个情期配种 2 次的方法，即间隔 8～12 h 进行 2 次人工输精，以提高精卵结合的概率。

（2）灵活运用输精技巧　人工输精操作过程中，掌握输精技巧和灵活搭配双手是使输精枪快速通过子宫颈完成输精操作的前提。尤其是针对新手而言，输精操作往往面临两大难题：第一个难题是在直肠中如何把握子宫颈能够准确定位子宫颈外口位置并顺利将输精枪放入子宫颈内；第二个难题是输精枪如何顺利通过子宫颈内褶皱。

针对第一个难题，把握子宫颈时一定要将子宫颈外口把握在手心中（图 2-18），便于准确定位子宫颈口的位置并能稳定把握子

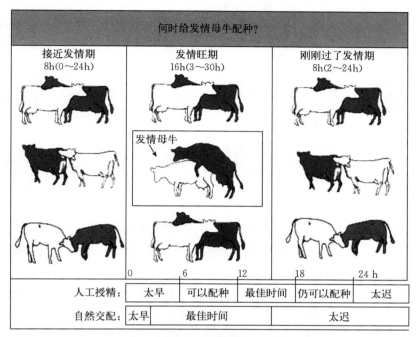

图 2-17　人工授精与自然交配最佳配种时间示意图

宫颈外口，保证过枪时子宫颈外口不会随着枪尖移动；同时注意避开阴道壁穹隆和阴道穹隆（图 2-18），当过枪时受到阻力，很有可能是枪尖进入到阴道壁穹隆或者阴道穹隆内，此时可以后退输精枪，手持子宫颈口向母牛体内拉伸，将子宫颈口外阴道壁伸展平整，且时刻保持枪尖平行向手心处插入，便于进枪。

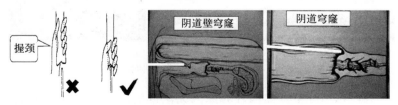

图 2-18　准确的握颈方式及避开阴道穹隆示意图

针对第二个难题，输精枪通过子宫颈时，双手要灵活配合，通过左、右调整使进枪方向始终与子宫颈进口方向平行（图2-19），切不可使用蛮力强行插入，以免造成子宫颈损伤。

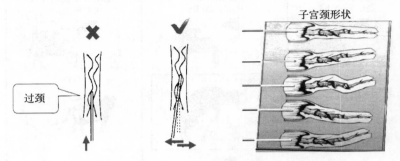

图2-19 准确的过颈方式及子宫颈形状示意图

（3）准确判断输精部位 正常情况下，母牛人工输精最佳的输精部位为子宫体前端（图2-20），即过了子宫颈内口即可推枪输精，无须进行深部输精，便于精子能够自行运动到两侧子宫角。输精过浅，即枪尖未完全通过子宫颈时输精，部分精液会被截留在子宫颈内部，只有少数精子能够成功运动到受精部位，降低受孕概率；输精过深，即枪尖到达子宫体深部、子宫角分叉处或者单侧子宫角处，此时输精有可能伴随推枪过程将精液全部或大多数推送到单侧子宫角，也会降低受孕概率。

最佳输精部位　　　　　输精部位过深　　　　　输精部位过浅

图2-20 人工授精输精部位剖面示意图

在特殊情况下，如因外界原因无法准时输精导致输精时间延后，又不想浪费一次输精机会时，可以考虑进行子宫角深部输精。

（4）严格执行无菌操作 细菌是影响人工授精受胎率的重要因素，人工授精全程任何环节都应该尽量进行无菌操作，特别是输精器械日常消毒、输精枪携带方式及输精操作细节等容易被忽视的环节。

输精器械日常消毒环节，有条件的奶牛场可以配备高温消毒柜，每次使用完之后，将输精枪、细管剪等重复性用品放入高温消毒柜中消毒后备用；无条件的奶牛场可以在每次使用前通过75%酒精或者酒精灯进行消毒，但是应注意待酒精自然挥发之后方可使用。

输精枪携带环节，严禁将装好精液的输精枪裸露插在身上或者含在口中，有条件的奶牛场可以配备输精枪专用保温外套（图2-21），起到保温且无菌的作用；无条件的奶牛场可以将输精枪先装入洁净的长臂手套中，再插在身上保温，避免衣物及操作人员身上的细菌直接污染输精枪外套。

输精枪裸露插在身上　　　　口含输精枪　　　　专业输精枪保温外套

图2-21 输精枪携带方式正误对比图

输精操作细节方面，注意进枪前的外阴清洗消毒以及输精外套保护软膜的正确使用方法，即待输精枪顺利到达子宫颈外口后再捅破输精外套保护软膜，保证输精外套在进入子宫颈前尽可能少地接触外界环境（母牛阴道不同部位细菌检出率见图2-22），避免输精过程带入过多细菌影响受胎率。

（5）规范填写输精记录 及时填写输精记录是人工授精操作完成后不可忽视的环节，规范的输精记录能够使管理人员准确掌握牛群的繁殖状态，便于及时发现异常牛只。

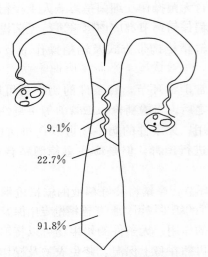

图 2 - 22　母牛阴道不同部位细菌检出率示意图

　　输精记录至少应该准确记录发情牛号、发情时间及症状、配次、输精时间、精液号及用量、配种员、返情日期及孕检结果等信息。

>> 三、注意事项

　　1. 注意定期检查液氮容量及冻精质量　冷冻精液需要全程保存在液氮环境中，因此需要定期检查液氮罐中液氮容量，避免液氮面过低造成精液裸露在液氮面上方，影响精液活力；一般情况下，奶牛场长期保存精液的液氮罐建议使用 30 L 以上规格且保温性能良好的液氮罐，并保持每周至少 1 次的频率检查液氮容量；同时应注意定期检查冻精质量，保证人工授精所用精液无异常。

　　2. 注意时刻保护好操作人员自身安全　人工授精操作过程中，首先应注意时刻保护好配种人员的自身安全。任何情况下，进入牛场及牛舍工作区域都应穿戴工作服和防护手套，减少人畜共患病的感染风险；接触牛只时，注意时刻观察牛只反应，发现异常行为应及时避开，防止母牛踢伤或顶撞造成人员损伤。

3. 注意不要盲目检查卵巢及卵泡状态 人工授精前检查发情母牛环节，应重点检查子宫及黏液状态，以排除炎症及子宫其他异常为主要目的，一般情况下不需要检查卵巢及卵泡状态，尤其针对新手而言，盲目检查卵泡状态可能会造成卵巢粘连及触破卵泡的现象发生，影响人工授精的受胎率，严重者可能造成牛只被动淘汰。

4. 注意输精过程应该做到"轻、柔、快" 人工输精过程中，在任何情况下都要尽量做到"轻、柔、快"。"轻"指输精时应尽量减少母牛应激，在直肠内操作等环节中误用蛮力操作；"柔"指输精过程应尽量顺应母牛反应及子宫颈结构进行柔和操作，减少对母牛直肠壁及子宫颈损伤的风险，尤其在母牛努责时应停止操作，待努责结束后再继续操作；"快"指在精液解冻后应尽快平缓地完成输精操作，减少精液在体外停留时间和母牛保定时间。

5. 注意输精完成后观察输精外套状态 人工输精完成后，应该第一时间观察输精外套状态。注意观察精液是否回流到输精外套管内，观察输精外套前端携带黏液是否带有脓丝或血丝，并及时记录异常现象，便于后期分析输精效果。

第五节 妊娠诊断

妊娠诊断是奶牛场配种工作完成之后的一项重要工作，及时有效的妊娠诊断能够尽早确定配种后母牛的妊娠状态，便于后续繁殖管理。本节重点介绍了妊娠诊断的生理基础、主要方法及其应用。

>> 一、概念与原理

1. 妊娠诊断的概念 妊娠诊断是基于妊娠母牛生殖生理及行

为变化规律，通过一定的方法检查配种后一定时间的母牛判断其是否妊娠的技术方法，生产上通常称之为孕检。

及时有效的孕检一方面能够尽早发现配种后返情症状不明显的未妊娠牛只，通过及时处理完成未妊娠母牛的再次配种工作，减少母牛空怀时间；另一方面能够确定配种后妊娠牛只，避免因管理不善或重复配种造成妊娠牛只出现流产，造成不必要的损失。因此，及时有效的孕检是奶牛场繁殖工作必不可缺的部分。

2. 妊娠诊断的原理　正常情况下，母牛配种后如果妊娠，其生殖生理和行为上会发生一系列变化。

（1）妊娠母牛生殖生理变化

① 发情周期停止　母牛配种后如果妊娠，其卵巢上的周期性黄体会转化为妊娠黄体长期存在，并分泌大量孕酮，孕酮负反馈作用于下丘脑 GnRH 以及垂体 FSH、LH 的合成与分泌，从而抑制卵泡发育，造成雌激素分泌量降低，使奶牛的周期性发情活动停止。

② 子宫变化　母牛妊娠期间随着胎儿不断生长发育，子宫孕角增大，子宫内膜腺体数量增加，并分泌黏稠液体封闭子宫颈口，形成子宫颈栓，防止异物和病原微生物侵入子宫，影响胎儿发育；妊娠后期，尤其是妊娠 6 个月后，子宫生长减慢，胎儿生长迅速，子宫肌层逐渐变薄，肌纤维被拉长，胎儿随着子宫逐渐沉入母牛腹腔，此时直肠触诊很难摸到胎儿。

③ 外生殖道变化　母牛妊娠期间，因发情周期停止，阴道黏膜渗出液减少，阴道干涩，黏膜苍白，阴门紧缩；分娩前，阴道黏膜潮红，阴唇肿胀，组织变软。

④ 腹围增大　母牛妊娠中后期，随着胎儿生长发育，子宫体积增大并逐渐沉入腹腔，引起母牛外部腹围增大，并向一侧突出，妊娠后期甚至可以隔着母牛腹壁触诊到胎儿。

（2）妊娠母牛行为变化

① 食欲增加　母牛妊娠后，随着胎儿快速生长发育，母牛新陈代谢水平提高，表现为食欲增加，消化能力增强，膘情及体重增

加，被毛光亮润泽。

② 性情温顺 母牛妊娠后，体内孕酮发挥主导作用，周期性发情活动停止，肌肉收缩活动减缓，母牛表现为性情温顺、行动谨慎。

>> 二、妊娠诊断方法

基于妊娠不同时期母牛生殖生理及行为变化规律，奶牛场可以在不同时间段使用相应的妊娠诊断方法进行孕检，主要包括常规孕检和早期孕检两大类，其中常规孕检方法主要为直肠触诊法，早期孕检方法主要为 B 超诊断法和早孕试剂检测法。一般来说，多数奶牛场会在配后 28 d 天左右采用早孕检测方法进行初检，以尽早发现未孕牛只便于及时处理，同时在配后 45～60 d 采用直肠触诊方法进行复检，以矫正早孕检测偏差及检出胚胎早期死亡的牛。

1. 直肠触诊法 直肠触诊法是通过直肠触诊方式检查配后一定时间的母牛卵巢及子宫变化以判断其是否妊娠的方法。正常情况下，触诊流程为先寻找子宫颈，再将中指向前滑动寻找角间沟，然后顺着角间沟向前、向下触摸子宫角形态变化，必要时再进一步检查卵巢变化。

运用直肠触诊法进行孕检时，检查重点应根据母牛配种后时间长短不同而有所侧重。配后不同时间直肠触诊重点以及子宫、胎儿特征如下。

（1）妊娠 30～45 d 怀孕初期应以检查卵巢的变化、子宫角形状和质地为主。此时孕侧卵巢存在妊娠黄体，且黄体丰满，常凸出于卵巢表面，卵巢体积为对侧卵巢的 2 倍左右；角间沟仍较清楚，两侧子宫角不对称，孕角较空角稍粗，质地较柔软，子宫壁薄，用手指轻握孕角从分叉处向子宫角尖端滑动能感觉到胚胎在指间滑动，并有液体波动的感觉；孕角对刺激不敏感，触诊时一般不会收缩，而空角常会收缩，感觉有弹性且弯曲明显。该阶段触诊的孕检结果受牛只个体及技术员操作水平影响较大。

妊娠 30 d 母牛子宫、胎儿及妊娠黄体情况如图 2-23 所示。

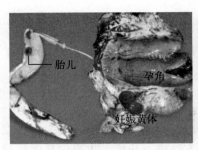
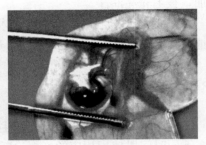

图 2-23　妊娠 30 d 母牛子宫、胎儿及妊娠黄体解剖图

（2）妊娠 50～60 d　孕角明显增大且向背侧突出，孕角粗约为空角的 2 倍且比空角长，孕角壁软而薄，触诊液体波动感明显，用手指按压有弹性；角间沟平坦，但两角之间的分岔仍能区分出来。此时触诊孕检结果准确率较高，接近 100%。

妊娠 60 d 母牛子宫及胎儿情况如图 2-24 所示。

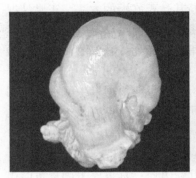
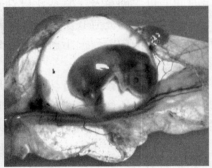

图 2-24　妊娠 60 d 母牛子宫及胎儿解剖图

（3）妊娠 90 d　孕角如排球大小，触诊液体波动感更加明显，可触及漂浮在子宫腔内的胎儿（此时胎儿发育到 15 cm 左右）；子宫角间沟消失，子宫开始沉入腹腔，子宫颈移至耻骨前缘；孕角一侧子宫动脉增粗至约 3 mm，部分牛只子宫动脉开始出现轻微的妊娠脉搏。

妊娠 90 d 母牛子宫及胎儿情况如图 2-25 所示。

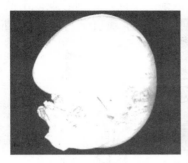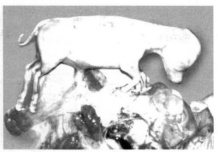

图 2 - 25　妊娠 90 d 母牛子宫及胎儿解剖图

（4）妊娠 120 d　子宫部分或者全部沉入腹腔，子宫颈越过耻骨前缘，触摸不清子宫的轮廓形状，可触摸到子宫背侧突出的子叶，如蚕豆大小，偶尔能摸到胎儿；子宫动脉增粗至 6～8 mm，妊娠脉搏明显。

（5）妊娠 150 d　子宫完全沉入腹腔底部，子叶逐渐增大，大如胡桃或鸡蛋，能够清楚地触及胎儿；子宫动脉变粗至 9～10 mm，妊娠脉搏十分明显。

（6）妊娠 180 d 以上　胎儿逐渐增大，只能摸到一部分子宫壁，不易摸到子宫颈和胎儿；孕角子宫动脉粗约 12 mm，妊娠脉搏明显，空角侧也开始有微弱的搏动。

运用直肠触诊法进行孕检时，操作人员必须具有一定的技术基础，检查时直肠内的手不能掐捏子宫，只能用手掌和手指轻轻感觉子宫，也不能用力触摸卵巢上的黄体，否则，可能由于操作不当引起母牛流产。

实际生产中，奶牛场一般进行 2～3 次直肠孕检，分别为 45～60 d（青年牛 45～50 d，成母牛 50～60 d）进行第一次直肠孕检以确认母牛是否妊娠、90～120 d 进行第二次直肠孕检以检出早期流产牛只、210～220 d 干乳前再次进行妊娠确认。

2. B 超诊断法　B 超诊断法是将兽用 B 型超声波诊断仪探头紧贴直肠壁放置在子宫角上方（图 2 - 26），通过探头发射出多束超声波，经不同组织反射回来后的超声波强弱不同，进而转换成不同的电流信号，在显示屏上以明亮不同的光点呈现出子宫及胎儿结构，从而判断母牛是否妊娠的方法。

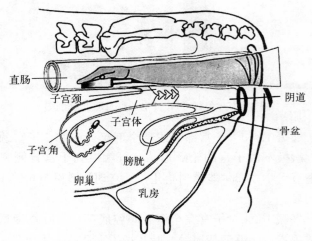

图 2-26　B 超诊断法操作示意图

　　B 超诊断图像中主要以黑、白、灰三种颜色为主，分别代表不同组织或结构的反射状态。硬组织（如胎儿骨骼、子宫内膜增生层等）密度大，反射回来的声波强度高，一般会在图像中呈现为亮白色；软组织（如胎儿肌肉、子宫角肌肉等）密度适中，反射回来的声波强度适中，在图像中往往呈现为灰色；液体（如羊水、子宫内积液、胎儿血液等）密度较低，反射回来的声波较弱，在图像中呈现为黑色。

　　在奶牛场实际生产中，B 超诊断法一般作为早孕诊断方式用于配后牛只的初次孕检（初检）。青年牛配后 28～30 d、成母牛配后 30～32 d 就可以利用 B 超诊断母牛是否妊娠。

　　（1）检查子宫状态

　　① 未孕子宫　在发情周期不同阶段，子宫的回声反射强度不同。当牛处于间情期或发情前期时，正常子宫角结构匀称，子宫壁厚薄一致，且子宫内无积液，因此超声波反射强度相当，在 B 超

诊断图像中呈现出结构匀称的环状子宫角轮廓（图2-27A）；当牛处于发情期时，子宫内膜肿胀，从而使子宫内膜褶皱突出，且发情期子宫内膜腺体数量增加，分泌大量黏液导致子宫内液体不反射超声波，进而在显示屏上呈现为黑色（图2-27B）。应注意区分发情期子宫图像与妊娠早期子宫图像的不同，这两种状态都会呈现出子宫内黑色区域，不同的地方在于发情期子宫内膜褶皱一般突出而呈现出不规则的子宫结构，而妊娠早期的B超图像往往是规则的环状子宫结构（图2-28A）。

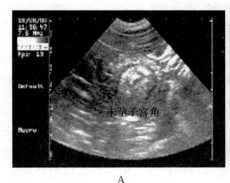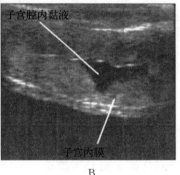

A   B

图2-27 未孕子宫B超诊断显示图

A. 奶牛间情期或发情前期子宫影像　B. 奶牛发情期子宫影像

② 妊娠子宫　母牛妊娠天数不同，其子宫腔内容物大小及形态轮廓也会发生变化。图2-28展示了不同妊娠天数对应胎儿大小及尿囊膜、羊膜、胎盘及其附属物B超诊断图。如果在B超诊断时，未能清晰检测到胎儿结构，但是顺利检测到尿囊膜、羊膜、胎盘及其附属物，也代表该母牛妊娠。

对于大多数牛只，通过B超诊断可以准确判断配后30 d左右的母牛是否妊娠，孕检准确率接近100%。

（2）检查胎儿状态　B超诊断时，能够顺利检测出胎儿结构，是判断母牛妊娠的最直接证据。通过B超诊断，我们还可以测量胎儿大小、确定胎儿数量及性别，便于后期繁殖管理。

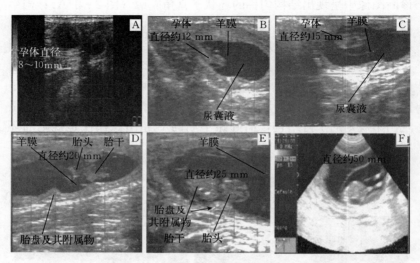

图 2 - 28　妊娠不同天数 B 超诊断显示图

A. 妊娠 28 d　B. 妊娠 30 d　C. 妊娠 35 d　D. 妊娠 40 d　E. 妊娠 45 d　F. 妊娠 60 d

①　胎儿大小　使用 B 超可以测量不同时期的胎儿大小，进而核对妊娠天数是否准确。一般测量顶臀长度，即胎儿头顶到臀部的长度。不同发育时期对应的胎儿顶臀长度如表 2 - 5 所示。

表 2 - 5　不同发育时期胎儿的顶臀长度汇总表

胎儿周龄/周	观察数量（头）	顶臀长度（mm）		
		最小	最大	平均
4	25	6	11	8.9
5	35	8	19	12.8
6	50	16	26	20.2
7	47	23	36	27.2
8	41	36	52	45.5
9	48	39	71	62.4
10	43	61	101	87.4
11	39	95	118	106.5
12	32	107	137	121.8

② 胎儿数量　使用 B 超还可以准确鉴定母牛是否怀双胎。判断依据主要有两个方面：一方面是直接观察到 2 个胎儿图像（图 2 - 29A）；另一方面是观察卵巢上是否存在两个以上妊娠黄体（图 2 - 29B）。

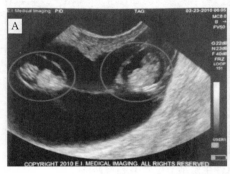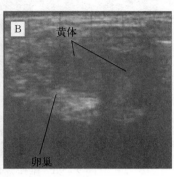

图 2 - 29　妊娠 40 d 双胞胎及卵巢上双黄体 B 超诊断图
A. 胎儿图像　B. 黄体图像

③ 胎儿性别　通过 B 超诊断，观察胎儿的生殖结节（阴茎和阴蒂的前体）与其周围结构的位置关系，能够准确判断胎儿的性别。

雄性和雌性的生殖结节外观类似，区分性别的关键是观察生殖结节的位置。雌性的生殖结节一般位于尾部和后腿之间，而雄性的生殖结节则移向脐带进入体内（图 2 - 30）。最佳的性别鉴定时间为 55～70 d 之间，过早或过晚都会影响观察。

雄性胎儿相对容易判定，检查顺序为首先找到脐带，然后顺着脐带进入腹部，仔细观察脐带链接胎儿的部位是否存在雄性生殖结节。雄性生殖结节一般为两条明亮的并行白线（双叶结构），胎龄大的可能显示为三叶结构（位于后肢之间的阴囊可与双叶结构形成三叶结构）。

雌性胎儿的判定需要首先找到胎儿尾巴，然后在尾巴与后腿之间寻找雌性生殖结节，同样是双叶结构。但是在判断时，要清晰地同时找到尾巴、生殖结节和后肢结构，避免将尾巴或者后肢误判为生殖结节。

3. 早孕试剂检测法　早孕试剂检测法主要是通过一定的方法

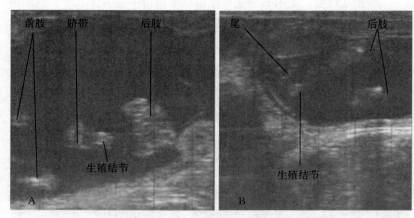

图 2-30 雄性及雌性生殖结节位置 B 超诊断图

A. 雄性胎儿   B. 雌性胎儿

检测乳汁或血液中孕酮或妊娠相关糖蛋白的含量以判断母牛是否妊娠的方法。该方法也常作为奶牛场早孕检测的一种方式。

（1）孕酮检测法   母牛配种后如果妊娠，周期性黄体转为妊娠黄体长期存在，则血液或乳汁中孕酮水平不断升高。相反，母牛配种后如果没有妊娠，黄体溶解，血液或乳汁中孕酮水平在配种后20~24 d将会达到最低点（图 2-31）。因此，根据该原理，在母牛配种后20~24 d时，收集血样或乳汁，应用酶联免疫法、胶体金免疫层析法或放射免疫法等均可测定孕酮含量，进而判断母牛是否妊娠。

为了便于快速检测，利用胶体金免疫层析法制备成孕酮快速检测试纸条是目前孕酮检测最常用的方法。其检测流程为将样品溶液（乳汁、血清或血浆）滴加到加样孔中，样品中的孕酮（P4）与事先包被在结合垫上的胶体金标记的孕酮单克隆抗体 1 发生免疫反应，带有胶体金标记的免疫复合物借助毛细作用在硝酸纤维素膜上层析泳动，迁移到检测线（包被 P4 单克隆抗体 2）和控制线（包被抗 IgG 抗体）上。如果检测线和控制线区域均出现红色条带，检测结果为阳性，表明母牛妊娠；如果只有控制线出现红色条带，检测结果为阴性，表明母牛未妊娠（图 2-32）。

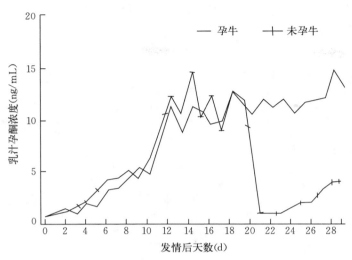

图 2-31 母牛妊娠后乳汁中孕酮浓度变化曲线

正常情况下，母牛体内的孕酮主要来源于卵巢上的黄体，因此只要有黄体存在，血液或乳汁中的孕酮含量就会处于较高水平，所以单次孕酮检测假阳性率较高；同时不同检测方法的准确性及灵敏度存在明显差异，影响早孕检测结果，因此在实际生产中，奶牛场很少使用孕酮检测产品。

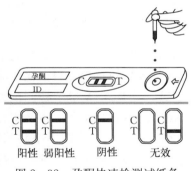

图 2-32 孕酮快速检测试纸条检测结果判定对比图

（2）妊娠相关糖蛋白检测法 妊娠相关糖蛋白（pregnancy - associated glycoproteins，PAGs）是母牛妊娠后机体合成和分泌的一类糖蛋白，可以作为妊娠诊断的判断依据。

正常情况下，母牛妊娠后血液中 PAGs 含量开始缓慢上升，在配后 28～32 d 时出现最高峰值，含量可达 2 ng/mL 以上，显著高于未妊娠牛只（低于 0.2 ng/mL），并在妊娠中后期维持在一个较高水平（图 2 - 33）。

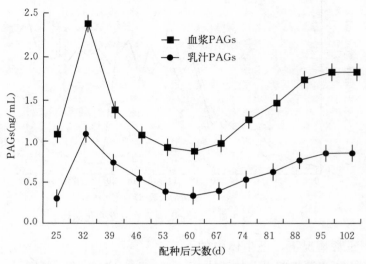

图 2 - 33　母牛配后血浆及乳汁中 PAGs 含量变化趋势图

　　PAGs 的检测方法主要有放射免疫法和 ELISA 法。为了便于快速检测及广泛推广，目前比较流行的是 PAGs - ELISA 检测法。

　　PAGs - ELISA 早孕检测试剂盒一般包含微孔板、检测溶液、辣根过氧化物酶标记抗体（酶标抗体）、阴性对照、阳性对照、TMB(3，3' 5，5'-四甲基联苯胺) 底物溶液和终止液等。微孔板上已经包被了妊娠相关糖蛋白抗体，加入样品（全血、血清或血浆）孵育后，微孔板上抗体捕获的 PAGs 可以与检测溶液（特异性 PAGs 抗体）和酶标抗体相结合，通过洗板后，加入 TMB 底物溶液显色一定时间后再加入终止液即可（图 2 - 34）。微孔内溶液颜色的深浅与样品中 PAGs 浓度成正比。

　　通过技术优化，妊娠相关糖蛋白检测法可以实现全血直接进行检测，操作方便，且检测效率及检测准确性较高（阳性准确度高于98％以上，阴性准确度接近100％），因此，相关早孕检测试剂盒也逐渐得到奶牛场的青睐，成为一种主流的早孕检测方法。

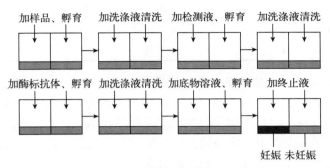

图 2-34 早孕检测试剂盒检测流程图

>> 三、注意事项

1. 选择合理的妊娠诊断方法 奶牛场应该根据场内技术员的水平、经济实力和设备条件等实际情况，选择合理的妊娠诊断方法。直肠触诊法简单易行，不需要过多的额外投入，但是要求技术人员操作水平较高，且准确孕检的时间相对较晚；B超诊断法可提前到配后30 d左右开展妊娠诊断，准确率也接近100%，但是需要配备专用的兽用B超仪，单次投入较高，且技术人员需要进行专业的培训练习；早孕试剂检测法同样可提前到配后28～32 d进行检测，操作简单，准确率也较高，但是需要持续性投入检测费用，长远看不够经济实惠。因此，不同孕检方法都有其相应的优缺点（表2-6），奶牛场应该结合自身情况合理选择。

表 2-6　不同妊娠诊断方法对比表

对比项目	直肠触诊法	B超诊断法	孕酮检测法	PAGs检测法
孕检时间	配后 45～60 d	配后 28～32 d	配后 20～24 d	配后 28～30 d
孕检效率	效率高	效率高	效率低	效率低
孕检准确率	98%以上	接近 100%	单次检测不准确	接近 100%

（续）

对比项目	直肠触诊法	B超诊断法	孕酮检测法	PAGs 检测法
胎儿大小	可知但不准确	可知且准确	不可知	不可知
胎儿性别	不可知	可知且准确	不可知	不可知

2. 避免过度信赖单次孕检结果　不管采用哪种妊娠诊断方法，都有可能存在一定的诊断误差，因此不能过度信赖单次孕检结果，以免造成空怀牛只未能及时参配或误处理妊娠牛只造成不必要的流产。在实际生产中，应该建立健全配后孕检机制，做好各阶段的初检及复检工作，尽可能还原牛群最真实的妊娠状态，及时发现空怀牛只，同时注意识别妊娠牛只的假发情现象。

3. 注意操作应激　不管采用哪种妊娠诊断方法，都应该注意操作轻柔迅速，避免动作过大或时间过长引起母牛过度应激，造成意外流产。

第六节　性别控制

性别控制是奶牛场日常生产中不可或缺的技术手段，及时有效的性别控制对奶牛场快速扩群具有重要意义。本节重点介绍了性别控制的生理基础、主要方法及其应用。

>> 一、概念与原理

1. 性别控制的概念　性别控制技术是通过适当的方法对奶牛正常生殖过程进行人为干预，使成年母牛产出所期望性别后代的技术方法。该技术在奶牛养殖生产中具有重要意义，可以充分发挥受性别影响的生产性状（如母畜的泌乳性能、公畜的生长速度及肉品质性能等）的最大经济效益；同时通过控制后代性别，可以增加选种强度，加快育种进程。

2. 性别控制的原理 奶牛性别控制的原理在于公、母牛性染色体不同。正常情况下，奶牛含有29对常染色体和1对性染色体，公牛的性染色体为1条X染色体和1条Y染色体，因此其睾丸可以产生含有X染色体的精子（X精子）和含有Y染色体的精子（Y精子）；母牛的性染色体为2条X染色体，因此其卵巢只能产生含有X染色体的卵母细胞。当卵母细胞遇到X精子受精时，产生的后代为母牛；相反当卵母细胞遇到Y精子受精时，产生的后代则为公牛（图2-35）。

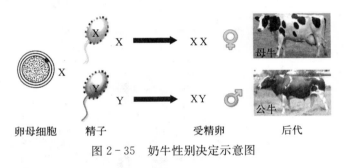

图2-35 奶牛性别决定示意图

>> 二、性别控制方法

目前，在奶牛养殖中，性别控制方法主要有精液性别控制和胚胎性别控制两种方式，其中精液性别控制已得到了广泛应用。

1. 精液性别控制 精液性别控制是根据牛X、Y精子DNA含量的差异（牛X精子的DNA含量较Y精子的DNA含量高3.8%），通过流式细胞分离技术将X、Y精子分离开来，从而得到X或Y精子比例高的性控精液的过程。

（1）精子分离流程 当前奶牛精子分离最准确的方法就是流式细胞分离法，其过程为：先用DNA特异性染料对合格的新鲜精液进行活体染色，然后连同少量稀释液逐个通过激光束，由于X精子DNA含量高，因而结合的荧光染料较多，在激光作用下产生的蓝色荧光强度较高，探测器就可以根据精子的荧光强度分辨出 X 精子和 Y 精子，同时将荧光信号转变为电信号，传递给信息处理芯片，进而指令液滴充电器使荧光强度高的液滴（X 精子液滴）带正电荷、使荧光强度低的液滴（Y 精子液滴）带负电荷，最后通过磁场将带不同电荷的液滴分别收集到相应的收集管中，从而实现 X 和 Y 精子的分离（图 2 - 36）。

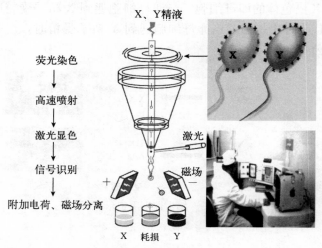

图 2 - 36　奶牛精子分离示意图

（2）性控精液的应用　用分离后的精子进行人工授精或体外受精可以在精卵结合前就实现精准的性别控制，因此在奶牛实际生产中得到了广泛应用。但是在精子分离过程中，不可避免地会受到一定程度的氧化应激及机械损伤，影响性控精液解冻后的存活时间和精子活力，进而导致受胎率降低。奶牛性控精液与常规精液应用对比情况见表 2 - 7。

表 2 - 7　奶牛性控精液与常规精液应用对比表

对比项目	性控精液	常规精液
有效精子数 （0.25 mL 细管）	200 万个	800 万～1 000 万个

（续）

对比项目	性控精液	常规精液
精子活力	0.3～0.4	0.35～0.5
存活时间	8～10 h	20～24 h
市场价格	200～300 元/支	50～100 元/支
子宫环境	要求较高	正常
操作技术	需要稍加培训	正常
受胎率	青年牛 50%～60% 成母牛 40%～50%	青年牛 60%～80% 成母牛 50%～60%
产母犊率	＞90%	45%～55%

2. 胚胎性别控制　胚胎性别控制是运用细胞学、免疫学或分子生物学等方法对受精后的早期胚胎进行性别鉴定，通过移植已知性别的胚胎进而实现对后代的性别控制。目前胚胎性别鉴定最有效的方法是胚胎细胞核型分析法和 SRY-PCR 法。

（1）胚胎细胞核型分析法　核型分析法是通过分析部分胚胎细胞的染色体组成判断其胚胎性别的方法。其主要操作流程为：先从 6～7 d 的早期胚胎中取出部分细胞，用秋水仙素处理使细胞处于有丝分裂中期，再将其制备成染色体标本，通过显微成像系统分析染色体组成，进而确定胚胎的性别。该方法检测准确率达 100%，但是获得高质量的染色体中期分裂相比较困难，同时需要专门的实验室设备进行分析，因此很难在奶牛场实际生产中广泛应用。

（2）SRY-PCR 法　奶牛雌、雄胚胎在 DNA 水平上存在很多差异，如 Y 染色体上的性别决定基因（SRY）、热休克转录因子（HSFY）、睾丸特异性蛋白基因（TSPY）、锌指蛋白基因（ZFY）等，因此，可以利用分子生物学方法，从 6～7 d 的早期胚胎上取出部分细胞提取 DNA，根据雌、雄胚胎差异基因设计引物，以胚胎细胞 DNA 为模板进行 PCR 扩增，进而通过特异性探针或者水平电泳仪进行胚胎性别鉴定。因通常使用 Y 染色体上的 SRY 基因作为差异基因用于检测，因此该方法常称为 SRY - PCR 法。根据鉴定 PCR 扩增产物方式的不同，又可细分为 SRY 特异性探针诊断法和电泳诊断法。

①SRY 特异性探针诊断法　PCR 完成后，用 SRY 特异性探针对扩增产物进行检测。如果扩增产物与探针相结合，则为阳性，说明胚胎为雄性胚胎，如果扩增产物不能与探针结合，则为阴性，说明胚胎为雌性胚胎（图 2 - 37）。

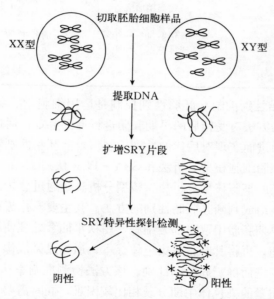

图 2 - 37　SRY - PCR 特异性探针诊断法检测流程

②电泳诊断法　PCR 完成后，取适量扩增产物用常规琼脂糖凝胶电泳检测扩增产物。在紫外灯下，出现两条电泳带的为雄性胚胎，出现一条电泳带的为雌性胚胎（图 2 - 38）。

随着 PCR 技术的发展，现在只需要取出几个甚至是单个卵裂球就可以进行扩增，性别鉴定准确率高达 90% 以上。目前市面上已有奶牛胚胎性别鉴定试剂盒，整个操作流程在几十分钟内即可完成，检测效率较高。

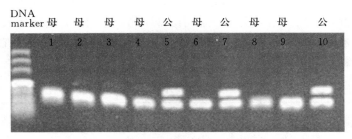

图 2-38 牛胚胎样品 PCR 扩增产物电泳结果

>> 三、注意事项

鉴于性控精液的有效精子数少且精子在分离过程中会不可避免地受到损伤，因此在使用性控精液时应注意以下事项。

1. 选择合适的与配母牛 因性控精液对与配母牛子宫环境要求较高，所以在奶牛场实际生产中只在青年牛前 2 次配种时使用性控精液，这是因为青年牛发情周期和排卵相对正常、生殖道环境健康，前 2 次配种使用性控精液能够获得较为理想的情期受胎率。对于扩群需求比较紧急的奶牛场，也可以考虑在成母牛产后第 1 次配种时使用性控精液。但应注意对久配不孕、久不发情、排卵不规律、正在进行定时输精处理的牛只以及大龄牛只尽量不使用性控精液。

2. 选择合适的输精时间 因性控精液解冻后精子存活时间较短，相对于常规精液而言，使用性控精液进行人工授精时可以适当延后 2~4 h。研究表明，青年牛在发情后 12~14 h 时使用性控精液配种受胎率较高，而成母牛在发情后 12~18 h 时使用性控精液配种受胎率较高（表 2-8）。

3. 选择合适的输精部位 使用性控精液进行人工授精时可以采用子宫角深部输精法，即将性控精液直接输到发情母牛的子宫角内，从而提高性控精液的配种受胎率（表 2-9）。但应注意在采用

　　子宫角深部输精时，有经验的操作人员应先检查奶牛卵巢上卵泡发育情况，然后将精液全部输送到待排卵侧子宫角内；若操作人员技术不成熟，应在两侧子宫角内各输半支精液，切不可不经检查就盲目将精液随机输送至单侧子宫角。

表 2-8　性控精液输精时间对配种受胎率的影响

输精时间 （h）	青年奶牛			成年奶牛		
	配种头数 （头）	妊娠头数 （头）	配种受胎率 （%）	配种头数 （头）	妊娠头数 （头）	配种受胎率 （%）
＜12	25	10	41.40±1.11	23	9	39.37±1.33
12～14	33	20	60.78±1.45	28	14	50.40±1.36
14～18	30	12	39.65±0.88	28	14	49.77±0.72
＞18	25	9	36.77±1.22	22	8	37.44±1.60

表 2-9　性控精液输精部位对配种受胎率的影响

输精部位	青年奶牛			成年奶牛		
	配种头数 （头）	妊娠头数 （头）	配种受胎率 （%）	配种头数 （头）	妊娠头数 （头）	配种受胎率 （%）
子宫体	30	11	36.67±1.55	18	6	33.33±1.67
子宫角基部	31	21	67.77±0.99	23	12	52.42±0.64
子宫角深部	28	19	67.86±0.78	17	9	52.45±0.87

第七节　胚胎移植

　　胚胎移植是奶牛场繁育高产群体、提高牛群整体生产水平的有效方式，本节重点介绍了胚胎移植技术的生理基础、主要技术方法及其应用。

>> 一、概念与原理

1. 胚胎移植的概念 奶牛胚胎移植技术是指将良种母牛体内或体外生产的早期胚胎移植到生理状态相同母牛子宫内，使其发育成良种牛正常胎儿和后代的繁殖技术，俗称"借腹怀胎"。其中，提供早期胚胎的母牛称为供体母牛，接受胚胎移植的母牛为受体母牛。

胚胎移植是快速建立奶牛良种种群、增加良种奶牛数量的有效途径，能够充分挖掘优秀母牛的遗传潜力，尤其是对于繁殖周期长的单胎动物来说，其终生的种用价值可以提高 10 倍甚至几十倍，为发挥优良奶牛品种遗传价值及快速扩繁提供了科学的技术保障。

2. 胚胎移植的原理 胚胎移植技术之所以能够实现，主要基于以下 4 个生理学基础。

（1）无论受精与否，母牛发情后最初数日到十多日，其生殖系统的变化相同，在相同的发情时期，供体和受体母牛的生理状态一致。

（2）早期胚胎处于游离状态，取出或移入对母体及胚胎均无较大影响。

（3）移植后不存在免疫排斥，胚胎可以在受体子宫内存活，正常发育至分娩。

（4）胚胎的遗传特性不受受体牛品质的影响。

3. 胚胎移植的原则 胚胎移植技术实施时，必须遵守以下 3 个基本原则。

（1）环境相同原则 胚胎在移植前、后所处的环境应基本相同，这就要求供体和受体在分类学上属性相同、发情时间一致、生理状态相同，移植部位也应与胚胎原来的解剖部位一致。

（2）时间原则 奶牛非手术胚胎移植必须保证胚胎处于游离状态、周期黄体尚未开始退化、胚胎适合冷冻保存等条件，因此，奶牛非手术胚胎移植的时间通常在发情后的 7 d 前后。图 2 - 39 展示了牛发情后不同时间胚胎的发育阶段和在生殖道内所处的位置。

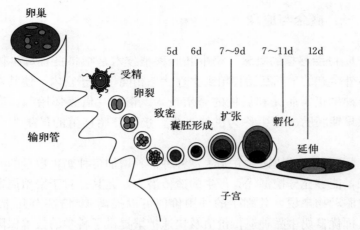

图2-39 牛胚胎（卵子）在生殖道内运行及其时间发育阶段模式图

（3）无伤害原则 胚胎在体外操作过程中不应受到不良环境因素的影响和损伤，包括化学损伤、有毒有害物质损伤、机械损伤、温度损伤和射线损伤等。

4. 胚胎移植类型 根据胚胎生产方式或来源的不同，胚胎移植可分为体内胚胎生产与移植和体外胚胎生产与移植两种类型（图2-40），分别对应超数排卵-体内胚胎生产技术体系和活体采卵-体外胚胎生产技术体系。

>> 二、超数排卵-体内胚胎生产技术体系

超数排卵-体内胚胎生产技术体系是指利用外源生殖激素超数排卵处理供体母牛，使供体母牛比自然状态下排出更多的卵子，人工授精后一定时间通过非手术法从供体母牛子宫角采集早期胚胎，然后将胚胎（新鲜胚胎或者冷冻-解冻胚胎）移植给受体母牛的技术过程。主要包括供体母牛选择、供体牛超数排卵（简称"超排"）、供体牛发情鉴定及人工授精、体内胚胎回收、体内胚胎质量鉴定和体内胚胎冷冻保存等环节。

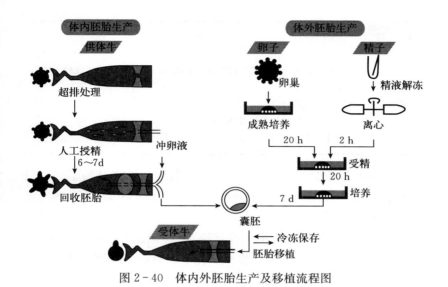

图 2-40　体内外胚胎生产及移植流程图

1. 供体牛选择　供体母牛的选择和饲养管理是体内胚胎生产的关键。供体母牛的选择标准见表 2-10。

表 2-10　供体牛选择标准

项　　目	选择标准
遗传性能	1. 具有完整的谱系（至少三代） 2. 生产性能（产肉性能、泌乳性能）优秀。如果是青年供体牛，则其全基因组检测生产性能优良 3. 肢蹄、乳房等结构良好
年龄	1. 14 月龄以上的青年母牛 2. 1～3 胎、产后 60～120 d 的成年母牛
繁殖性能	1. 生殖道和卵巢机能正常 2. 进行超数排卵前至少具有两个正常发情周期
健康状况	1. 无传染性疾病，无子宫炎、乳腺炎和肢蹄病 2. 无遗传缺陷疾病 3. 体况适中，体况评分在 3～4 分之间（5 分制）

（续）

项　目	选择标准
饲养管理	1. 饲料营养均衡，进行超数排卵处理期间供体牛的体重应处于增重阶段 2. 减少应激反应 3. 补充一定量的维生素 A、D、E 等 4. 供体牛使用期间，禁止进行疫苗注射

2. 供体牛超数排卵　供体牛进行超数排卵处理是为了诱导母牛卵巢比在自然状态下有更多的卵泡发育并排卵，以提高体内胚胎生产效率。

目前奶牛超数排卵常用 FSH 连续 4 d 递减注射法，表 2 - 11 以进口 FSH 超排药为例列出了青年供体牛超数排卵处理方法，供大家参考。

表 2 - 11　青年奶牛超数排卵处理方案示例

时间	第 0 天	第 5 天	第 6 天	第 7 天	第 8 天	第 9 天	第 10 天	第 16 天
上午 7：00	埋植 CIDR	FSH： 40 mg	FSH： 30 mg	FSH： 20 mg PG： 0.6 mg	FSH： 10 mg	观察 发情	第二次 人工 授精	冲胚
下午 7：00	—	FSH： 40 mg	FSH： 30 mg	FSH： 20 mg PG： 0.4 mg 撤栓	FSH： 10 mg	第一次 人工 授精	—	—

不同厂家生产的 FSH 由于其效价和单位不同，因而注射剂量也就不同。同时，不同体重供体牛（如青年牛和成年牛）超排使用的 FSH 剂量也应有区别，具体操作时应根据牛的品种及体型进行综合判断。FSH 处理剂量过高，可能会导致供体母牛反应过度，

严重者会造成繁殖调控系统紊乱；处理剂量过低，供体母牛无反应，造成超排处理失败。

3. 供体牛发情鉴定及人工授精　正常情况下，供体牛在超排方案的第 9 天上午会表现发情（如表 2 - 12 所示）。一般采用 2 次输精法，即在供体母牛发情后 8～12 h 时进行第一次人工授精，再间隔 8～12 h 后进行第二次人工授精，每次输精使用 1 支常规精液（如果是性控精液，建议每次输精使用 2 支）。

需要注意的是，部分牛只可能会出现提前发情或延后发情的现象，针对这一类牛只应该在原有输精基础上提前增加或者延后增加一次人工授精操作，以尽可能保证陆续排出的卵子都能遇到具有受精能力的精子；当然，也会有部分牛只未能观察到发情，针对这一类牛只也应该按照原方案时间进行定时输精，同时在第一次输精时额外注射适量的 GnRH 或者促排 3 号，以提高供体牛利用率。

4. 体内胚胎回收

（1）回收时间　胚胎回收一般在供体母牛发情后的第 7 天（发情当天为第 0 天）进行，即整个超排过程的第 16 天。

（2）回收方法　目前，牛体内胚胎采集主要是非手术采集法，即通过直肠把握方式，将冲胚管经子宫颈放入子宫角大弯与小弯连接处，然后使用气囊固定，再用一定量的冲胚液反复冲洗子宫，从而将胚胎冲洗出来。

（3）回收所需要的耗材

① 器械　牛非手术法回收胚胎需要使用一些专用器械，包括冲胚管与钢芯、扩宫棒、黏液吸取棒、集卵杯（漏斗）和体式显微镜等（图 2 - 41～图 2 - 44）。

② 液体　牛体内胚胎生产所需要液体主要有冲胚液、胚胎保存液和胚胎冷冻液等，这三种液体可以自己配制，也可以从市面上购买成品。

（4）回收流程　牛胚胎回收又称为冲胚，主要包括供体牛的保定麻醉、卵巢检查、插入冲胚管、充气固定、用冲胚液冲洗子宫角、捡胚等过程。

图 2-41　二通式冲胚管及气囊　　图 2-42　扩宫棒及黏液吸取棒

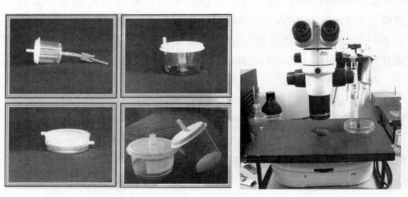

图 2-43　不同类型的集卵杯（漏斗）　　图 2-44　体式显微镜

① 供体母牛保定及麻醉　将供体母牛赶入保定栏内保定，在尾椎硬膜外（图 2-45）注射 4～5 mL 盐酸利多卡因注射液进行局部麻醉。

② 供体牛卵巢检查　直肠触诊检查供体牛两侧卵巢上的黄体和卵泡发育情况，记录两侧卵巢上的黄体和卵泡数量。注意超排后的牛只卵巢上黄体及卵泡数量较多，容易混淆，检

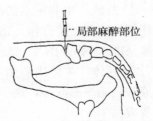

图 2-45　尾椎硬膜外局部麻醉部位（盐酸利多卡因注射部位）

查时应注意区分（图 2-46）。

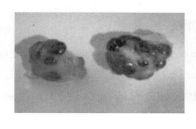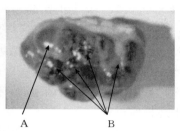

A   B

图 2-46 超排后供体卵巢上的卵泡和黄体

A. 卵泡 B. 黄体

③ 清洗外阴并插入冲胚管 清除直肠内粪便，使用洁净的清水清洗母牛外阴，再用干净纸巾擦拭干净，最后使用 75% 酒精喷洒消毒；然后用消毒好的扩宫棒扩张子宫颈（特指青年牛，成母牛可以不扩宫），必要时使用黏液棒吸取子宫体内的黏液；将冲胚管插入阴道内，避开尿道口后依次通过子宫颈、子宫体，进入一侧子宫角，到达大弯处前端时停止（图 2-47）。

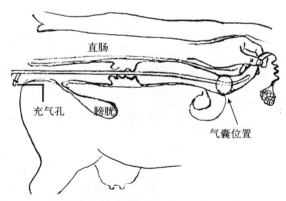

图 2-47 冲胚管插入气囊放置位置

④ 充气固定 冲胚管到达子宫角合适位置后，用 20 mL 注射器向冲胚管的气囊充气（青年牛 12~15 mL，成年牛 18~20 mL），待固定气囊后拔出钢芯。

⑤ 回收胚胎　用 50 mL 注射器吸入 20～30 mL 冲胚液（经产牛每次冲胚液注入量可增加至 30～40 mL），通过冲胚管注入子宫角，然后回收冲胚液（注意避免反复抽吸，以防遗漏甚至损伤胚胎），并将回收的冲胚液注入集卵杯内或无菌集卵瓶内。重复以上注入-回收冲胚液操作 4～5 次。每侧子宫角约需用 150～200 mL 冲胚液；一侧子宫角采集结束后，再将冲胚管插入另一侧子宫角，重复上述操作过程。

⑥ 回收液处理及捡胚　将回收的冲胚液倒入侧壁滤膜为 75 μm 孔径的集卵杯（过滤漏斗）内，过滤完毕后用冲胚液反复冲洗侧壁滤膜，以防胚胎黏附在滤膜壁上；然后将集卵杯放在体视显微镜下进行捡胚。观察到胚胎后，用前端孔径为 300～400 μm 的巴氏吸管吸出胚胎，移入装有新鲜胚胎保存液的培养皿内。集卵杯检查 2～3 遍确认所有胚胎均被捡出之后，将一头供体牛的所有胚胎用保存液洗涤 2～3 遍后再移入新的含有保存液的培养皿中等待进行质量鉴定（图 2-48）。注意核对捡出来的胚胎总数与检查的黄体数是否一致。

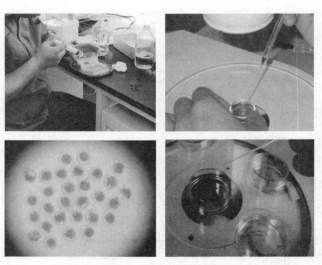

图 2-48　集卵杯冲洗及在体式显微镜下捡胚

5. 体内胚胎质量鉴定　从供体母牛子宫采集发情后 7 d 左右的胚胎，大多为桑葚胚到囊胚阶段，不同胚胎阶段对应的特征如表 2-12 所示。

表 2-12　冲胚时母牛胚胎阶段及特征

类型	特征
桑葚胚	卵裂球隐约可见，细胞团几乎占满卵黄周隙
致密桑葚胚	卵裂球进一步分裂变小，看不清卵裂球界线，细胞团收缩至占卵黄周隙的 60%～70%
早期囊胚	细胞团一侧出现较透亮的囊胚腔，难以分清内细胞团和滋养层细胞，细胞团占卵黄周隙的 70%～80%
囊胚	囊腔明显增大，内细胞团与滋养层细胞可以分清，滋养层细胞分离，细胞充满卵黄周隙
扩张囊胚	囊胚腔充分扩张，体积增至原来的 1.2～1.5 倍，透明带变薄，相当于原厚度的 1/3
孵化囊胚	透明带破裂，扩张胚胎细胞团孵出至透明带外

目前主要采用形态学观察法鉴定回收胚胎的质量。一般将胚胎等级分为 A、B、C、D 四个等级。具体分级标准及形态见表 2-13 和图 2-49～图 2-52。

表 2-13　胚胎分级标准

级别	胚胎情况	评定标准
A 级 （图 2-49）	胚胎发育完好，可用于鲜胚移植或冷冻保存	胚胎发育阶段与时间相符。胚胎形态完整，胚胎细胞团轮廓清晰，呈球形，分裂球大小均匀，细胞界限清晰，结构紧凑，色调和明暗程度适中，无游离细胞
B 级 （图 2-50）	胚胎发育尚好，可用于鲜胚移植或冷冻保存	胚胎发育阶段与时间基本相符。胚胎细胞团轮廓清晰，色调和细胞结构良好，可见一些游离细胞或变性细胞（10%～15%）

（续）

级别	胚胎情况	评定标准
C级 （图2-51）	胚胎发育一般，可用于鲜胚移植，但不能进行冷冻保存	胚胎细胞团轮廓不清晰，色调发暗，结构较松散，游离及变性细胞较多，结构好的胚胎团仅占30%~40%
D级 （图2-52）	胚胎发育停止或退化、未受精卵等	未受精卵、发育迟缓、细胞团破碎，变形细胞比例超过60%

图2-49　母牛受精后7d A级胚胎
A. 致密桑葚胚　B. 早期囊胚　C. 囊胚　D. 扩张囊胚

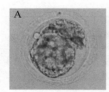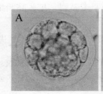

图2-50　母牛受精后7d B级胚胎　　图2-51　母牛受精后7d C级胚胎
A. 致密桑葚胚　B. 早期囊胚　　　　A. 桑葚胚　B. 致密桑葚胚

图2-52　母牛受精后7d D级胚胎
A. 未受精　B. 1细胞退化　C. 16细胞退化

6. 体内胚胎冷冻保存　生产的牛体内胚胎如果不能进行鲜胚移植，则需要进行冷冻保存。牛体内胚胎常使用的冷冻保存方法为程序化冷冻法（也叫慢速冷冻法），需要使用专用的程序降温仪。程序化冷冻法操作过程如下。

（1）平衡　将 A 级或 B 级胚胎用保存液清洗 3～5 次后，使用过渡液（保存液与冷冻液 1：1 混合）洗涤 1 次，然后移入冷冻液中平衡 10 min。

（2）装管　用 0.25 mL 胚胎细管按 5 段装液法装入胚胎和冷冻液（图 2-53）。

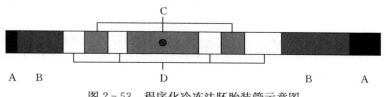

图 2-53　程序化冷冻法胚胎装管示意图
A. 棉塞及封口端　B. 保存液　C. 冷冻液（及胚胎）　D. 空气

（3）封口标记　加热封口或使用专用塑料封口塞封口（建议采用封口塞），并使用永久性标记笔或打印标签（建议使用专用标签打印机）注明供体品种、供体牛号、胚胎发育阶段与级别、生产日期等信息。

（4）冷冻过程

① 将胚胎细管放入程序降温仪　将含有胚胎的冷冻细管放入预先冷却至−6 ℃的程序降温仪的冷冻槽中平衡 4 min。

② 植冰　胚胎细管在−6 ℃平衡 4 min 后，将细管稍微提起，用在液氮中预冷的镊子前端夹住每只细管中胚胎段上面的冷冻液 3～5 s，进行人工诱发结晶（人工植冰），诱发结晶后再平衡 4 min（图 2-54）。

③ 降温　诱发结晶后，程序降温仪以（0.3～0.5）℃/min 的速率降温至−35 ℃后停止。

④ 投入液氮　降温完成后，用镊子夹住胚胎细管迅速取出，并将细管插入液氮内快速降温，然后装入标记好的提桶内，放置于液氮罐内进行长期保存。

图 2-54　冷冻胚胎时的诱发结晶

⑤ 记录存档　待冷冻完成之后，及时做好胚胎生产记录，建立档案保存。

>> 三、活体采卵-体外胚胎生产技术体系

活体采卵（OPU）-体外胚胎生产技术体系是指在活体状态下通过专用设备（活体采卵仪）采集供体母牛两侧卵巢上的卵母细胞，然后在实验室条件下完成卵母细胞体外成熟、体外受精及早期胚胎体外培养等过程，最后再将胚胎冷冻保存或鲜胚移植给受体母牛的技术过程。相对体内胚胎生产方式，该技术体系胚胎生产效率较高，因此，近几年逐渐得到推广应用。

供体母牛在进行活体采卵前既可以通过适当的外源激素超数排卵处理以提高活体采集的卵母细胞数量和质量，也可以不通过超数排卵处理而直接进行活体采卵。该技术体系主要包括供体牛选择、供体牛超数排卵、供体牛活体采卵、捡卵及卵母细胞质量鉴定、卵母细胞体外成熟、卵母细胞体外受精、早期胚胎体外培养、体外胚胎质量鉴定及胚胎冷冻保存等技术环节。

1. 供体牛选择　选择的供体牛应符合本品种标准，遗传性能优良，繁殖性能良好，体格健壮，无传染性疾病，无遗传性疾病。另外对于子宫肌瘤、久不发情、久配不孕、妊娠早期（90～120 d）

等牛只也可用于采卵供体。连续采卵反应好的母牛，可优先选作供体，超数排卵时重复采卵最低间隔为 15 d。

2. 供体牛超数排卵

（1）处理前准备 准备好移动式保定架、手术推车、OPU 探头及显示屏、OPU 金属穿刺枪、OPU 穿刺架、一米硅胶采卵管、20 号穿刺针若干、利多卡因、石蜡油、耦合剂、一次性长臂手套、乳胶手套、注射器、透明胶带、卫生纸等。

（2）卵泡检查及穿刺 首先将 OPU 探头、穿刺枪、穿刺架、采卵管、采卵针头连接起来，在探头上涂抹耦合剂，用一次性长臂手套和透明胶带将探头保护好后放在手术推车上备用；其次对供体牛进行尾椎麻醉，清理直肠内粪便并彻底清洗擦拭外阴；最后给 OPU 探头上均匀涂抹上石蜡油，通过母牛阴道将其伸入阴道穹隆处，一手固定卵巢，一手操作探头手柄将卵巢和探头靠近，当显示屏中出现卵巢图像后，通过调整卵巢和观察图像，检查并统计卵巢上卵泡数量和大小，对于卵泡直径大于 8 mm 的优势卵泡，将 OPU 金属穿刺枪放入穿刺架内，两手协调操作，将优势卵泡全部穿刺，待卵泡液排出体外即可。

（3）超数排卵处理 检查后间隔 1 d，采用两天四次，早、晚肌内注射适量 FSH 的方式进行超数排卵处理，超数排卵总剂量根据牛只大小和检查时卵泡状态而定，总体原则为不高于同等条件下体内超数排卵剂量的 70%。

3. 供体牛活体采卵

（1）活体采卵仪连接 依次将 OPU 穿刺枪、采卵管、采卵针头、真空瓶、真空泵、集卵瓶等连接好，打开真空泵测试是否漏气，确定连接完好后抽取适量采卵液冲洗管道备用。

（2）供体牛保定及麻醉 将供体牛赶入采卵间保定架内，用 2% 盐酸利多卡因对其进行尾椎硬膜外麻醉；麻醉完成后彻底清理直肠内粪便，清洗外阴，用卫生纸彻底擦拭干净备用。

（3）检查供体牛卵泡 给采卵探头涂上石蜡油，由助手打开供体牛阴门，操作者将 OPU 穿刺架伸入阴道穹隆处，一手固定卵巢，一手操作探头手柄并将卵巢和探头靠近（图2-55），当显示屏出现卵巢图像时，检查记录卵巢卵泡数量和大小（图2-56）。

经阴道回收卵母细胞

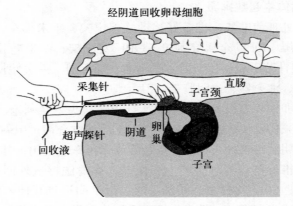

图2-55 活体采卵操作示意图

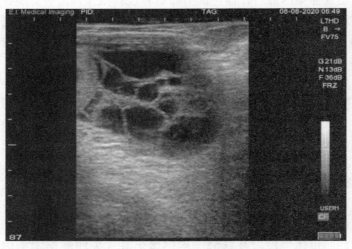

图2-56 活体采卵仪屏幕显示卵巢上卵泡大小及数量

（4）采卵 助手安装好采卵针头将穿刺枪轻轻送入OPU穿刺架，然后打开真空泵开始穿刺直径大于2 mm的卵泡并计数。待一侧卵巢采集完成后，拔出穿刺枪，使用无菌生理盐水冲洗2～3遍后按照上述操作采集另一侧卵巢。

（5）捡卵 待两侧都采集完毕后，将集卵瓶保温、避光、快速运回室内捡卵。

4. 捡卵及卵母细胞质量鉴定

（1）将装有洗卵液的 50 mL 离心管水浴加热（35～38 ℃），然后在预热好的四孔板中准备一孔 500 μL/孔的洗卵液待用，用 3 支 20 mL 注射器吸取 OPU 采卵液置于热板上待用。

（2）用盛有 OPU 采卵液的注射器湿润集卵杯底部和两侧滤网，放入不锈钢托盘中，轻轻晃动集卵瓶使其底部的卵母细胞-卵丘细胞复合体（COCs）漂浮，快速将回收液倒入集卵杯中，倾斜集卵瓶，使用 OPU 采卵液反复冲洗，以确保所有的回收液均进入集卵杯中。

（3）倾斜集卵杯使液体从两侧滤网流出，待剩余少量液体（液面高度约 0.5 cm）时，停止过滤，用盛有 OPU 采卵液的注射器冲洗两侧滤网，直至滤网上尽可能不沾有任何细胞。

（4）重复上述操作 2～3 次，直到集卵杯中仅剩余少量清亮液体为止。

（5）将集卵杯置于体式显微镜下观察，用 10 μL 移液枪或口吸管捡出液体中的 COCs，放入四孔板的洗卵液中。

（6）在四孔板中另制备 2～3 个洗卵液孔，转移洗涤 COCs，直至洗卵液中的 COCs 无多余碎片。

（7）观察洗卵液中的 COCs，根据卵丘细胞层数和胞质完整性分为 A、B、C、D 四个等级，分级标准如下。

A 级：透明带外侧的卵丘细胞层完整且紧密，包裹 3 层以上，胞质颜色均匀适中。

B 级：透明带外侧的卵丘细胞层完整且紧密，包裹 1～3 层，胞质颜色均匀适中。

C 级：透明带外侧的卵丘细胞层少于 1 层，但胞质颜色均匀适中。

D 级：透明带外侧无卵丘细胞，且胞质不均匀、颜色发暗等明显死亡的。

5. 卵母细胞体外成熟

（1）向四孔板中加入 500 μL 预热好的成熟液，将洗卵液中的 A、B、C 级 COCs 移入成熟液中洗涤。

（2）将洗涤好的 COCs 转移入 1.5 mL 运输管中，每头牛对应 1 管，管上标记好牛号，放入恒温运输箱，运回实验室进行后续操作。

（3）到达实验室后，将运输管消毒处理后转移到 CO_2 培养箱（38.8 ℃，5.5%～6.5% CO_2，21% O_2，100%相对湿度）中，培养 21～24 h。

6. 卵母细胞体外受精

（1）精液处理

① 38 ℃水浴解冻细管冷冻精液 45 s。

② 用剪刀剪开无棉塞的一端，插入盛有 4 mL 洗精液的离心管中，再剪开另一端，使精液流入离心管中，将管中残留的精液滴于干净温热的载玻片上，加盖盖玻片在 200 倍显微镜下观察精子活力，同时离心管盖紧盖子，在离心机中离心。

③ 弃掉上清液，留底部沉淀，然后再加入 4 mL 预热的洗精液，小心混匀，再次离心。

④ 弃掉上清液，约留 300 μL 精子悬液，轻轻吹打混匀待用。

⑤ 利用精子计数板计算悬液中的精子浓度和需加入精子悬液体积（推荐受精浓度为 1×10^6 个/mL）。

⑥ 按照计算好的体积将精子悬浮液加入平衡 2 h 以上的 100 μL 受精滴中，并加入适量矿物油覆盖，放入培养箱中备用。

（2）体外受精

① 在卵母细胞成熟 21～24 h 时，从培养箱中取出 COCs 运输管，用经 CO_2 平衡的受精液微滴反复洗涤 3 次，将胞质均匀的成熟 COCs 轻轻转移到含有精子悬浮液的受精滴中。

② 精卵在 CO_2 培养箱（38.8 ℃，5.5%～6.5% CO_2，21% O_2，100%相对湿度）中培养 18～20 h。

7. 早期胚胎体外培养

（1）精卵共培养 18～20 h 时，将受精滴培养皿从培养箱中拿出，观察精子存活情况；用预热好的胚胎培养液在四孔板中制备两个 400 μL/孔的清洗孔，并立即用 10 μL 移液枪在体式显微镜下将受精卵转移至清洗孔中。

（2）用剥卵枪连接直径 135 μm 的剥卵针，轻轻吹打清洗孔中的受精卵，直至受精卵周围完全没有卵丘细胞及精子后，将受精卵移入另一清洗孔中洗涤。

（3）将洗涤过的受精卵转移入预热好的 100 μL 胚胎培养液微滴中（每个微滴不超过 25 个受精卵），并将培养皿置于三气培养箱（38.8 ℃，5.5%～6.5% CO_2，6% O_2，100%相对湿度）中培养。

（4）培养 48 h 后，从培养箱中拿出培养皿置于体式显微镜下，迅速观察每个微滴内胚胎的发育情况，记录 1 细胞、2 细胞、4 细胞、8～16 细胞胚胎的个数，并计算卵裂率；同时根据培养情况隔天进行半量换液。

8. 体外胚胎质量鉴定及胚胎冷冻保存

（1）培养到第 7 天时，从培养箱中拿出培养皿置于体式显微镜下，观察每个微滴内的胚胎发育情况，记录桑葚胚、早期囊胚、囊胚、扩张囊胚、孵化囊胚的个数，并计算囊胚率。

（2）观察结束后，通过形态学观察对胚胎进行质量鉴定，标准如下。

A 级：与期望的发育阶段一致；胚胎形态完整，轮廓清晰，呈球形，结构紧凑，色调和透明度适中；胚胎细胞团呈均匀对称的球形，透明带光滑完整；不规则细胞相对较少，变性细胞比例不高于 15%。

B 级：与期望的发育阶段基本一致；胚胎形态较完整，轮廓清晰、色调及密度良好，透明带光滑完整，存在一定数量形状不规则或颜色、密度不均匀的细胞，但变性细胞比例不高于 50%。

C 级：与期望的发育阶段不一致；胚胎形态不完整，轮廓不清晰、色调发暗，结构松散，游离细胞较多，但变性细胞比例不高于 75%。

D 级：死亡或退化；内细胞团有较多碎片、轮廓不清晰、结构松散，变性细胞比例高于 75%，包括死亡或退化的胚胎、卵母细胞、1 细胞及 16 细胞以下的受精卵。

其中，A 级和 B 级胚胎可进行冷冻保存或鲜胚移植，C 级胚胎只能用于鲜胚移植。

（3）为了提高体外胚胎冷冻效率，体外胚胎常采用玻璃化冷冻方式。目前已经有商品化的玻璃化冷冻试剂，按照试剂说明先后对需要冷冻的胚胎进行清洗、冷冻液预平衡后，将胚胎混合尽可能少（约 0.3 μL）的冷冻液迅速转移至冷冻载杆薄片前端，并立即投入液氮中。

（4）用镊子夹住液氮中的冷冻载杆，套入保护套管中，装入标记好的提桶内，置于液氮罐内保存即可。

>> 四、胚胎移植操作

1. 受体牛选择　受体牛优先选择适配青年母牛，其次为繁殖状态良好的成母牛。具体筛选标准如表 2-14 所示。

表 2-14　受体牛选择标准

项目	选择标准
遗传性能	1. 生产性能一般 2. 体型较大、后躯相对发达，特别是小体型牛做受体时，应注意躯体结构，避免难产
年龄	1. 选择 13 月龄以上的适配青年母牛；散养或放牧条件下应选择 16 月龄以上的适配青年母牛 2. 第 1~3 胎、产后 60~120 d 的经产母牛，带犊时应结束哺乳 1 个月以上
繁殖性能	1. 生殖道和卵巢机能正常 2. 移植前至少具有两个正常发情周期

（续）

项目	选择标准
健康状况	1. 无传染性疾病，无子宫炎和肢蹄病等其他异常疾病 2. 体况适中，体况评分为 3～4
饲养管理	1. 饲料营养平衡，补充一定量的维生素 A、D、E 等 2. 注意减少应激反应

2. 受体牛同期发情处理 如果采用鲜胚移植，则受体牛需要进行适当的同期发情处理，使受体牛发情时间与供体牛发情时间一致，便于同期进行鲜胚移植。

常用的同期发情方法有一次 PG 法、两次 PG 法和 CIDR＋PG 法，本章第二节部分有详细介绍，在此不再赘述。

3. 受体牛黄体质量检查 将发情后第 7 天（发情当天记为第 0 天）的受体牛固定在保定栏内或颈夹上，通过直肠触诊检查受体牛两侧卵巢上黄体情况，按照黄体大小、质地进行分级（表 2-15）。

表 2-15 黄体分级标准

级别	黄体情况	评定标准
A 级	黄体结构完好，可作为移植受体	突出于卵巢表面，直径在 1.5 cm 以上，质地软硬适中且具有弹性，与卵巢衔接良好，基部充实，可触到排卵点（图 2-57）
B 级	黄体结构尚好，根据具体情况可选择性地作为移植受体	突出于卵巢表面，直径在 1.0～1.5 cm 之间，质地稍软或稍硬，可触到与卵巢连接的基部，排卵点不明显
C 级	黄体正在退化或已退化，不可作为移植受体	未明显突出于卵巢表面，直径明显小于 1.0 cm，质地较软和较硬，无排卵点
D 级	新生黄体，不可作为移植受体	黄体较小或尚未形成，触摸较小或者触摸不到

记录受体牛卵巢和黄体情况，用记号笔在受体牛后驱标记出黄

体侧，便于移植时确定胚胎移植的位置。

4. 移植前胚胎处理

（1）新鲜胚胎的准备
从供体母牛中采集的胚胎，如果有合适的受体母牛，就可以将新鲜胚胎直接转入 0.25 mL 胚胎细管中移植给受体母牛。新鲜胚胎装管方法常采用"三

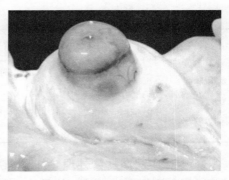

图 2-57　卵巢上结构良好的黄体

段装管法"，即保存液-空气-含有胚胎的保存液-空气-保存液（图 2-58）。

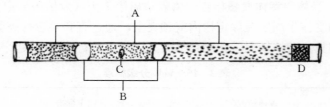

图 2-58　鲜胚三段式装管方式
A. 保存液　B. 空气　C. 胚胎　D. 棉塞

（2）冷冻胚胎的准备　如果是移植冷冻保存的体内外胚胎，移植前需要将胚胎解冻后进行移植。不同方法冷冻的胚胎解冻过程存在差异。

① 程序化冷冻的体内胚胎解冻　程序化冷冻的体内胚胎解冻操作同冻精解冻操作类似，即从液氮中取出胚胎细管，在空气中停留 5 s 后，立即将细管插入 32～35 ℃水浴中，停留 20～30 s 后取出，用纸巾擦干后剪去细管棉塞端，装入胚胎移植枪内进行移植即可。

程序化冷冻的体内胚胎在使用时不需要按个检查胚胎质量，可采用定期随机抽检的方式检查胚胎质量。

② 玻璃化冷冻的体外胚胎解冻　玻璃化冷冻的体外胚胎解冻

需要经过一定的复苏过程才能诱导胚胎恢复活性。目前已有配套的商品化解冻液，按照说明书解冻流程洗涤脱去冷冻液、诱导复苏后，将胚胎转移到胚胎保存液中，在体式显微镜下，根据冷冻前胚胎质量、阶段等鉴定解冻后胚胎质量并记录，然后按照鲜胚装管方式将合格胚胎转入胚胎细管等待移植即可。

5. 胚胎移植基本操作

（1）将需要移植的胚胎细管装入胚胎移植枪，并依次给移植枪套上移植外套管和外套膜。

（2）对检查合格的受体母牛进行尾椎硬膜外麻醉，麻醉后清除直肠内粪便，使用一次性纸巾擦拭外阴部。

（3）移植人员将装有胚胎细管的移植枪插入阴门，使移植枪前端依次经过子宫颈外口、子宫体、黄体侧子宫角，当移植枪前端到达子宫角大弯前端后，用力推动移植枪钢芯，将胚胎推出到移植部位（图2-59）。

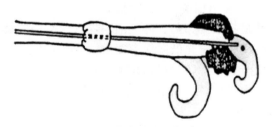

图2-59　胚胎移植部位示意图

6. 妊娠诊断　受体母牛移植胚胎后应注意观察返情。

所有受体母牛在胚胎移植45～60 d时通过直肠触诊进行妊娠诊断（有条件的牧场可在28～33 d时进行早期孕检），并记录受体牛妊娠情况。

>> 五、注意事项

1. 合理选择胚胎移植供、受体牛　供、受体牛繁殖状态是影响胚胎生产效率及移植受胎率的关键因素，因此应注意选择繁殖性能良好的牛只作为供、受体牛。此外，胚胎移植的优势在于能够同时发挥公、母畜的遗传优势，实现良种个体快速扩繁，并将优良基因稳定遗传给后代，因此在选择供体牛时应注意侧重在筛选性能优异的个体；而在选择受体牛时，为了保证胚胎移植效果，应尽可能选择适龄及体况良好的青年母牛，以确保为胚胎移植提供最佳的受孕环境。

2. 胚胎移植相关试剂应现配现用　体内胚胎生产涉及的冲胚液、胚胎保存液、胚胎冷冻液和体外胚胎生产涉及的采卵回收液、洗卵液、成熟液、洗精液、受精液、胚胎培养液、玻璃化冷冻液及玻璃化解冻液等均可自配，但应注意现配现用，一般不能保存超过1个月，避免影响胚胎生产效率。当然，这些液体目前都有技术相对成熟的商品化产品，可直接购买使用，但也应注意不同液体的有效期。

3. 注意胚胎移植相关试剂耗材的保存环境　胚胎移植相关药品试剂，尤其是超数排卵药、冲胚液、保存液、冷冻液、体外培养系列液体都有相应的避光低温保存要求，应注意保存环境，避免失效影响胚胎生产效果；胚胎移植相关耗材，尤其是胚胎移植枪、移植外套、外套膜等应注意无菌保存，避免子宫角深部操作引起感染，影响移植受胎率。

4. 注意胚胎移植各环节操作轻柔无菌　不论是胚胎生产环节，还是胚胎移植环节，都应注意缓慢轻柔操作，避免损伤母牛子宫或卵巢组织，造成不可逆转的损失；同时全程应注意无菌操作，避免人为引起生殖道感染，影响胚胎生产及移植效率。

本章参考文献

郝海生，等，2016. 图说奶牛繁殖技术与繁殖管理 [M]. 北京：化学工业出版社．

桑润滋，2011. 动物高效繁殖理论与实践 [M]. 北京：中国农业大学出版社．

赵明礼，2016. 同期发情及同期排卵-定时输精技术对奶牛繁殖效率的影响

[D]. 北京：中国农业科学院.

朱化彬，刘长春，2013. 牛人工授精技术 [M]. 北京：中国农业出版社.

朱世恩，2016. 家畜繁殖学 [M]. 6 版. 北京：中国农业出版社.

Bó G A，Mapletoft R J，2013. Evaluation and classification of bovine embryos [J]. Anim Reprod，10(3)：344 - 348.

Machaty Z，Peippo J，Peter A，2012. Production and manipulation of bovine embryos：techniques and terminology [J]. Theriogenology，78(5)：937 - 950.

Wiltbank M C，Pursley J R，2014. The cow as an induced ovulator：Timed AI after synchronization of ovulation [J]. Theriogenology，81(1)：170 - 185.

第三章 奶牛繁殖障碍及治疗

奶牛繁殖障碍是指生殖器官畸形和生殖机能紊乱以及由此引起的生殖活动异常的现象。目前，国内认为母牛超过始配年龄、产后经过 3 个发情周期（65 d 以上）仍不发情、繁殖适龄母牛经过 3 个发情周期的配种仍不受孕或不能予以配种的（管理利用性不育），即为繁殖障碍。我国奶牛不孕症的发病率为 20%～30%，对奶牛业的健康发展有很大的影响。造成奶牛繁殖障碍的原因很多，主要包括以下 3 个方面：一是由饲养管理不当引起的（占 30%～50%）；二是由先天性和后天获得性生殖器官问题引起的（占 20%～40%）；三是由繁殖技术失误引起的（占 10%～30%）。但是，上述原因往往不是单一的，有时它们共同作用引起母畜繁殖障碍，有时某些疾病性因素可能影响饲养条件或繁殖技术发挥应有的作用，这就要求我们在寻找病因时要全面分析，找出最主要的原因。

第一节 遗传性繁殖障碍

奶牛的遗传性繁殖障碍有生殖器官发育不全和畸形、异性孪生不育、雌雄间性及种间杂种 4 种类型，其中生殖器官发育不全和畸形以及异性孪生不育出现占比最大。目前经过育种工作者多年的努力，已经使遗传性繁殖障碍在实际生产过程中的发生率低于 3%，但是如若出现会给养殖户造成非常大的经济损失。

>> 一、生殖器官发育不全和畸形

奶牛的生殖器官发育不全又称为奶牛生殖系统幼稚病，主要表现为卵巢发育不良特别小、子宫角过细，有时阴道和阴门也非常小。根据研究报道，生殖器官发育不全和畸形的育成奶牛外阴户依旧很小（图3-1 A），但是大多数病牛外阴蒂较发达（图3-1 B）、向外突出，另外有的牛只伴有一簇向外突出的毛发，导致牛排尿时尿液呈向上射出状（图3-1 C），同时外阴变小导致肛门与外阴连合的距离缩短，使外阴区域呈现不正常的角度（图3-1 D），另外乳头发育较小。

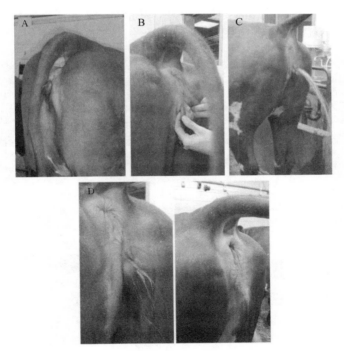

图3-1 牛外生殖器官发育不全和畸形

　　因生殖器官发育不全和畸形造成不孕的奶牛的阴道较短，若使用开膛器检查，11月龄育成牛的阴道仅有4～6 cm深，前端光滑、无子宫颈外口及子宫颈阴道穹隆，开膛器张开困难；极少部分牛只只有尿生殖前庭部，无阴道部；16～20月龄育成牛虽然外阴户和阴蒂的发育已经接近正常，但是阴道也仅有7～10 cm深，前端也无子宫颈外口及子宫颈阴道穹隆。少数子宫发育不全的母牛的子宫缩小为薄管状或者Y型的排列结构，形态正常，但是经人工直肠触诊，发现是一个退化的子宫，两个子宫角比正常子宫角要长且薄（图3-2 A）。有时子宫内由于出现类似囊泡或者囊肿的梗阻（图3-2 B），导致子宫内出现积液，随之子宫膨胀变大（图3-2 C）。子宫颈退化或者发育不全，变为狭窄较厚的管壁（图3-2 D），触诊会发现有囊状腺体（图3-2 E），这是发育不良的泡状腺体，是确诊此种遗传疾病的诊断要点。另外，甚至有的牛只子宫发育严重不全，外形模糊不可见（图3-2 F）。

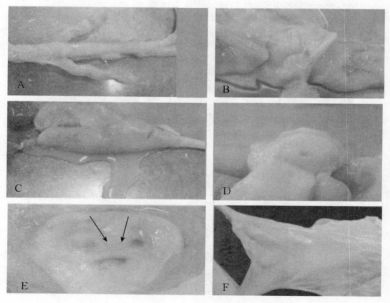

图3-2　牛内生殖器官发育不全和畸形

　　一般可以通过直肠触诊法检出生殖器官发育不全和畸形的奶牛，方法是：摸到阴道、子宫颈、子宫体为实体的长条状，手指粗细，但无明显子宫角或仅有痕迹，且两角距离较远，卵巢很小呈豆状，也可配合"探棒法"进行诊断。"探棒法"为将表面光滑的圆木棒制成长约 30 cm、直径约 1 cm 的大小，一头钝圆，刻上刻度，也可以使用专门的塑料探棒，在检查时，犊牛保定、探棒表面消毒、涂润滑油后，将钝圆头插入犊牛阴门多角度前伸，并上、下、左、右活动以感知阴道腔，能插入 10 cm 以上并可感知明显阴道腔者判为正常，插入不足 10 cm 并感知不到阴道腔，且有时犊牛有疼痛感判为先天性生殖器官发育不全。一般情况下，1 月龄的不孕小奶牛阴道长 5～8 cm，而正常的小奶牛阴道长 13～15 cm；成熟的不孕奶牛阴道长度只有 8～10 cm，而正常奶牛的阴道长度约为 30 cm。根据有的研究报道，直肠触诊法针对大育成牛及成年牛先天性生殖器官发育不全诊断的准确率为 100%，但要求检查者操作熟练、富有经验，所以，一般不容易做到。"探棒法"对犊牛先天性生殖器官发育不全诊断的准确率为 90% 以上，具有很高的实用及推广价值。

>> 二、异性孪生母犊不育

　　在奶牛遗传性繁殖障碍中，以异性孪生母犊不育占多数。在牛怀双胎时，胎盘绒毛膜血管要发生部分吻合。当两个胎儿性别不同时，雄性胎儿的睾丸先发育，产生的雄性激素，通过绒毛膜血管吻合支（图 3 - 3）流向雌性胎儿体内，导致雌性胎儿被雄性化，影响了雌性胎儿性腺的分化、发育，最终影响生殖器官的发育，导致生殖器官发育不全或者畸形。根据报道，有 90%～97% 的异性孪生母犊存在不孕。

　　造成母牛产双胎的原因很多，一是使用了双胎率较高的奶牛；二是胚胎移植时为提高成功率，一头受体牛同时移植 2 枚胚胎；三是为了促进母牛发情，提高受胎率，过多地使用促性腺释放激素、

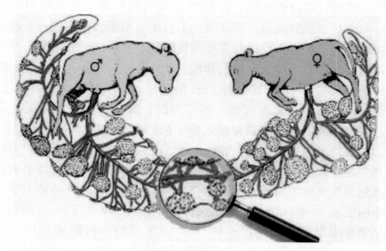

图 3-3 胎盘绒毛膜血管部分吻合

孕马血清促性腺激素、前列腺素或促排卵类激素，使母牛排双卵并输精受精。也就是说母牛怀异性双胎多数是由多卵泡发育造成的，2 个卵子的排卵时间有先后，从而形成的胚胎发育也有先后，胚胎的着床位置不一，引起胎儿间的血管吻合时间有差异，导致有的胎儿生殖器官发育不完整。

一般来说，异性孪生的小母牛会被认为是不育的，应该及时淘汰，若想选留，应尽早鉴别，以便将不孕的母牛挑选出来。目前，主要通过直肠触诊和体格鉴定来诊断不孕，也可通过血清学和细胞遗传学检测，但是成本较高，一般不被养殖者接受。

牛孪生对奶牛场来说是不理想的繁殖结果，虽然孪生有提高牛繁殖效率的潜力，但牛孪生不仅会有可能导致异性孪生母犊不育，还意味着怀有双胎牛的母牛在下个泌乳期平均空怀天数和管理工作量的增加，同样还会增加胎衣不下、难产、子宫内膜炎和代谢紊乱性疾病的发生率，牛只的淘汰率也随之升高，所以产双胎牛只的死淘率高于同群的其他牛只。另外，对于产双胎牛只的母牛来说，其健康状况与其他牛只相比会变得更糟糕，根据美国相关研究报道，牛孪生对奶牛场所带来的负面经济影响可高达 250 美元/头。

有的研究发现，当对黄体酮水平低的牛只启动同步发情处理方案时会增加排双卵的风险。目前非常多研究明确认为在优势卵泡生长或排卵的过程中，排双卵概率的升高与低黄体酮水平有关，因此最好的降低牛孪生率的措施是在首次人工繁育前执行双同步发情处理措施，这种人为控制卵巢功能的处理，会使排卵前的卵细胞生长的过程中黄体酮水平增加，提高受胎率且降低了妊娠损失率和双重排卵率从而降低高产奶牛产双胎的比率。

遗传性繁殖障碍造成不孕的奶牛，无任何治疗价值，应及时检出，并立即淘汰或者育肥后售出。

第二节 疾病性繁殖障碍

>> 一、卵巢疾病

近年来，奶牛卵巢疾病引起的繁殖障碍发病率较高，该病平均发病率为 5.5%～25%，高者可达 34%。其中，不排卵或排卵延迟的发病率为 18%～34%，高者可达 66%，卵巢囊肿的发病率为 6%～19%，高者可达 60%。

1. 卵巢静止 卵巢静止或者卵巢不活跃是指卵巢处于静止状态，没有周期或与周期相关的卵巢发育的迹象。在此期间，奶牛不会出现任何发情的迹象，直肠触诊显示卵巢较小（图 3-4），平坦光滑，呈扁的椭圆形。卵巢活动异常的原因

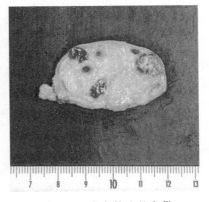

图 3-4 发育静止的卵巢

可能是脑下垂体的活动受到抑制，促性腺激素的释放或产生不足，不能诱导和促进卵泡的发育和成熟，也有可能是卵巢不能对促性腺激素做出相应的反应，这种情况最常在高产奶牛和头胎小母牛中出现，同时有研究发现低营养水平的饲料摄入以及气温较低都会增加卵巢静止的发病率。

有几种激素制剂可以用来解决卵巢静止导致奶牛不发情的问题。这些激素包括雌二醇、促性腺激素释放激素（GnRH）、黄体生成素（LH）、促卵泡素（FSH）和孕酮。雌二醇可以引起下丘脑释放 GnRH，促进卵巢上的卵泡发育，诱导发情。注射GnRH后会促进垂体前叶释放 LH 和 FSH，并启动正常的发情周期，从而促使卵巢上出现卵泡并成熟、排卵和形成黄体。FSH 可以直接作用于卵巢，刺激卵泡生长成熟，诱发发情。然而有研究发现，以上所有的处理对诱导奶牛发情的效果不稳定也不理想。

目前，大量研究证明黄体酮可能是卵巢静止的首选治疗方法。治疗的原则是使用黄体酮促进促性腺激素的释放，模拟卵巢的发育周期。黄体酮会促进 LH 的分泌，当撤去黄体酮装置后，从而促进卵巢排卵。另外，黄体酮也会诱导大脑表现发情行为。

在实际生产中，一般使用黄体酮栓（PRID）治疗卵巢静止（图 3-5）。PRID 是一个不锈钢线圈覆盖着一种惰性材料，内含 1.55 g 的黄体酮和 10 mg 的雌二醇制剂。具体治疗方法是：对确诊为卵巢静止的奶牛颈部肌内注射 GnRH，同时在其阴道内放一枚 PRID，用药一周后通过直肠检查卵巢发育情况，如果卵巢上形成黄体就取出 PRID，同时颈部肌内注射前列腺素，如果卵巢上没有形成黄体时，继续在阴道内放置 PRID 一周，等到一周后取出 PRID 的同时颈部肌内注射前列腺素，发情后正常配种。PRID 方法是目前为止一种非常有效的治疗奶牛卵巢

图 3-5 黄体酮栓（PRID）

静止的方法，同时也不会对奶牛的新陈代谢和健康状况产生不利影响。

2. 持久黄体 持久黄体也是引起奶牛繁殖障碍的一个非常主要的原因。发情周期中或分娩之后，黄体超过正常时间（20 d）仍不消失，持续分泌黄体酮，抑制卵胞发育和成熟，引起不孕。饲养管理不当（维生素和无机盐缺乏、运动不足等）、产乳量高尤其是产后早期、子宫疾病（子宫内膜炎、子宫积水或积液、产后子宫未能恢复、子宫内有死胎或肿瘤等）和用干扰前列腺素通路的药物进行长期治疗，都可影响黄体的吸收。经过 2～3 次直肠检查后（间隔 6 d 左右），黄体位置、大小、形状及硬度均无变化，即可确认为持久黄体（图 3-6）。

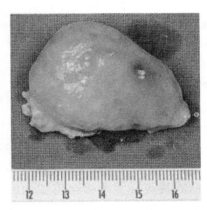

图 3-6 持久黄体

直肠检查时可见一侧或双侧卵巢体积增大，持久黄体存在于卵巢内，并突出于卵巢表面，由于黄体所处阶段不同，触诊有的有粉末感，有的质地较硬。持久黄体大小不同，数目不一，有一个或者两个以上。同时，子宫松软下垂，收缩反应比较微弱。由于黄体的存在，即使卵巢有优势卵泡，也无法排卵，因为黄体酮对 LH 的释放具有负反馈作用。

目前，黄体在卵巢上持续存在的发病机制尚不清楚，其直接的潜在原因无疑是子宫内环境的改变导致前列腺素的分泌不足。例如，产后奶牛的子宫如果被细菌感染，这些细菌通过开放的子宫颈上移，导致子宫内膜炎和子宫积液等。在这些炎症条件下，应产生前列腺素的子宫内膜细胞的正常再生受到坏死细胞、炎症细胞、肉芽组织或纤维结缔组织的限制而无法分泌足够的前列腺素，从而导致黄体的持续存在。因此，持久黄体的治疗相对比较简单，在通过直肠触诊或者 B 超检测确认持久黄体后，肌内注射足量的前列腺素即可，一般在注射后 3～7 d 奶牛就会表现发情，然后进行人工授精操作即可。若无效，可间隔 7～10 d 重复用药 1 次。

3. 卵巢囊肿 卵巢囊肿（图 3-7）分为卵泡囊肿和黄体囊肿两种，一般在奶牛产后30～60 d 被发现，发病率为5%～30%，卵泡囊肿和黄体囊肿各占 69.5% 和 30.5%。卵巢囊肿常见于成年奶牛，其中以2～5 胎次的奶牛发病较多。在

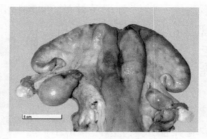

图 3-7 卵巢囊肿

奶牛生产中，卵巢囊肿的发生会导致产犊间隔被延长 22～64 d。

卵泡囊肿是由于卵泡上皮变性，卵泡壁结缔组织增生变厚，卵泡液未被吸收或增多而形成的，当卵泡达到排卵期大小（17～19 mm）但未能排卵时，会在卵巢上留下一个巨大的持久卵泡结构。主要症状是性周期失去规律性、发情表现异常，发情周期变短，发情期延长，哞叫、不安、爬跨其他牛，甚至有的牛表现为强烈持续发情（称为慕雄狂）；发病时间较长的，表现精神极度不安、咆哮、少食、频繁排泄粪尿、双眼潮红，会阴部肿胀。直肠检查时，子宫颈口增大，在卵巢上有多个波动的大囊肿，起初壁增厚，后期变薄，触摸有液体波动感，子宫柔软，收缩性差。黄体囊肿是由未排卵的卵泡壁上皮黄体形成的，主要表现性周期停止，母牛长期不发情，外阴闭合，子宫颈及阴道干涩，少量分泌物附着于尾根，直肠检查可见单侧或者双侧卵巢明显增大，直径超过 4 cm，异于平常的卵巢。黄体囊肿的卵巢壁厚而软，囊腔无液体，因此不出现波动感，用手指触摸有肉样感。

引起卵巢囊肿的原因有很多。①内分泌失调。自身 FSH 分泌过量，垂体分泌 LH 水平不够，控制 LH 释放的机能失调，肾上腺素机能亢进，可导致成熟的卵泡不排卵或闭锁但颗粒层细胞仍分泌

液体而形成囊肿。也有研究认为卵泡开始产生大量的雌二醇，雌二醇的目标是大脑的下丘脑，并触发最初的连锁反应导致排卵，而在这个排卵的级联中存在着沟通不良，导致了卵泡持久和卵泡囊肿的发生。②疾病因素。子宫内膜炎、胎衣不下等均可引起卵巢炎，导致发情周期紊乱，使排卵受到扰乱而继发卵巢囊肿。③气候因素。在卵泡发育过程中气温骤变易发生卵巢囊肿，尤其冬季发生的概率较高。④人为因素。母牛多次发情而不给予配种也可导致病牛增多，使卵泡转为囊肿而不排卵。⑤营养因素。饲料中缺乏维生素 A 或过量饲喂生大豆、三叶草等雌激素含量高的饲料；或低产牛饲料营养水平过高，在运动不足、光照时间少的情况下，体型过肥导致内分泌失调；或者高产奶牛饲料营养搭配不合理，蛋白水平过高、能量水平过低，体形消瘦导致内分泌紊乱，都会引起卵巢囊肿，而且过量钙的吸收或高的钙磷比，也可以导致卵巢囊肿的发生。另外，卵巢囊肿的发生也与遗传有一定的相关性。

卵巢囊肿的准确诊断是治疗该病的非常重要的一环，并且每种类型的准确诊断都很重要，因为治疗卵泡囊肿和黄体囊肿的方法不同，而确定哪种类型的囊肿也是很困难的。目前，B超是实现这一目标的最佳工具。奶牛卵泡囊肿的超声显示卵泡囊肿外观清晰，有大囊性结构，外壁很薄，黑色液体延伸到外边缘，如图 3-8 所示。通过超声波可以清楚地诊断出这种类型的囊肿，在卵巢左侧也可以明显地发现第二个卵泡囊肿。直肠触诊这些囊肿很容易破裂，损伤卵巢导致出血，并可能在卵巢上形成粘连，而使用B超这种侵入性较低的方法可以减少卵泡囊肿破裂的机会，也可以非常有效地确定囊肿是活跃的还是良性的。黄体囊肿被认为是由不断发展到晚期的卵泡囊肿发展而来，如图 3-9所示，黄体囊肿的外缘周围形成较厚的黄体组织壁，还可以看到黄体囊肿腔内有一小块白色"蜘蛛网"，表明囊肿正在进一步黄体化。

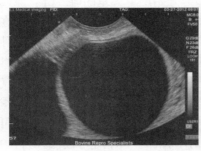 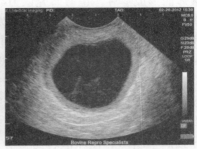

图3-8　卵泡囊肿B超图　　　　图3-9　黄体囊肿B超图

过去通常采用直肠穿刺或者挤破法去除卵巢囊肿内的液体，但是由于感染率过高，止血困难，造成卵巢炎的可能性很大，因此目前已多不采用。用GnRH对卵泡囊肿进行激素治疗通常会导致囊肿黄体化，随后采用前列腺素溶解黄体；同理由于黄体囊肿总是含有黄体组织并产生黄体酮，治疗黄体囊肿的最佳方法是使用前列腺素，启动黄体的溶解，然而由于一些早期黄体囊肿对前列腺素还没有反应，所以可先用GnRH治疗，使囊肿黄体化，然后再用前列腺素解决它。临床治疗卵巢囊肿的具体操作方法是：奶牛颈部肌内注射200 μg GnRH，同时阴道内放一枚PRID，用药一周后通过直肠检查卵巢情况，如果卵巢上形成黄体就取出PRID，同时颈部肌内注射前列腺素；如果卵巢上没有形成黄体，继续在阴道内放置PRID一周，等到一周后取出PRID的同时颈部肌内注射前列腺素，发情后正常配种。

>> 二、生殖系统疾病

近年来，随着奶产业的不断发展壮大，奶牛生殖系统疾病的发病率呈上升趋势。生殖系统疾病包括奶牛子宫内膜炎、子宫积液和阴道炎等，这些病症有的是单一病种存在，有的是两种或两种以上病种同时存在，病情复杂，诊断难度大，治愈率低，牧场经济损失较大，其中子宫内膜炎发病率约为 22%，阴道炎发病率约为 18%。例如，成年奶牛每年的淘汰率是 10%～22%，其中由于生殖道疾病的淘汰率占比最高，占 20%～24%。奶牛生殖系统各个器官的机能活动受神经及内分泌系统调节，一旦这种调节机制发生障碍，就可引起生殖系统发生病理变化。由于生殖系统各器官之间存在解剖生理联系，因此，生殖系统某一部分发生疾病，往往会彼此相互影响。另外，由于生殖系统与其他内脏器官之间也具有密切的联系，因此，当生殖器官发生疾病或者其他内脏器官发生疾病时，均可产生不同程度的相互影响，造成奶牛养殖户不必要的损失。所以，有效防治奶牛生殖系统疾病对发展奶产业具有重大意义。

1. 子宫内膜炎 奶牛子宫内膜炎是由病原微生物感染引起的，主要是黏膜下层被化脓杆菌、坏死梭杆菌、大肠杆菌等多种细菌入侵引起的子宫感染。奶牛子宫内膜炎的病原有一定的区域性，不同地区和不同情况下引起奶牛子宫内膜炎的细菌种类和各种细菌所占的比例也不同。另外，其他一些因素比如日粮中微量元素缺乏、矿物质比例失调，导致奶牛的抗病力降低，也容易发生此病。还有一些外在的原因，如管理不科学，产房卫生条件差，奶牛引产、胎衣剥离不当造成创伤，助产不当、产道受损，产后恶露蓄积，配种时操作不当等这些原因都可能导致环境性病原菌引入奶牛体内从而引起子宫内膜炎。奶牛子宫内膜炎是造成奶牛屡配不孕的主要原因，占奶牛不孕症病因的 70%左右，严重地影响了奶牛的繁殖力和生产性能，大大降低了养殖效益。奶牛产后 60 d 内，患有子宫内膜炎的奶牛淘汰率较正常牛高 4%～6%，还会导致产乳量降低。另外，患有子宫内膜炎奶牛的雌二醇和黄体酮的分泌会受到影响，改变卵泡的发育和黄体滞留时间，降低 LH 和前列腺素的分泌，形成持久黄体，造成排卵失败，从而导致空怀天数增加。有研究结果表明，临床型子宫内膜炎对产后 4～6 周母牛繁殖的影响达 15%～20%，亚临床型子宫内膜炎对产后 4～9 周母牛繁殖的影响达 30%～35%。

　　引起奶牛子宫内膜炎的因素主要包括以下几个方面。一是分娩异常，包括难产、流产、死产、早产、胎衣不下、双胎分娩、子宫脱出、阴道脱出、子宫复旧迟缓、头胎、胎儿过大、粗暴接产或助产、低血钙症、酮血症、子宫内在局部免疫功能损伤等，尤其初产的奶牛更甚。二是感染因素，产栏卫生条件差、助产粗心大意、操作不规范、分娩期间助产人员手臂未经过消毒就随意或反复进入产道，这些极易向母牛子宫引入致病菌而导致产后子宫内膜炎的发生，另外人工授精操作时操作和消毒不规范也会引起子宫内膜炎。三是营养原因，日粮中硒、维生素 E、维生素 A 不足，体况过肥均可诱发子宫内膜炎，并且日粮中的脂肪水平和脂肪酸的类型会影响子宫内膜炎的发生，在产后第 1 周，饲喂富含亚油酸的饲粮也可诱导奶牛产生促炎症状态。根据国内外最新研究发现，造成奶牛产后子宫内膜炎的根本原因是免疫系统受损。

　　奶牛子宫内膜炎根据病理过程和炎症性质可分为急性黏液脓性子宫内膜炎、急性纤维蛋白性子宫内膜炎、慢性卡他性子宫内膜炎、慢性脓性子宫内膜炎和隐性子宫内膜炎。通常在产后 1 周内发病，症状较轻者无全身症状，发情正常，但不能受孕；严重的伴有全身症状，出现体温升高、呼吸加快、精神沉郁、食欲下降、反刍减少等表现。患牛拱腰、举尾，有时努责，不时从阴道流出大量污浊或棕黄色黏液脓性分泌物，有腥臭味，内含絮状物或胎衣碎片，常附着尾根，形成干痂。子宫内膜炎不是全身性的疾病，很多时候只会看到母体流脓，常有黄体残留（图 3 - 10）。亚临床子宫内膜炎病症表现比较轻微，是子宫壁卡他感染，原因可能是不正确的日

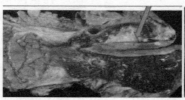

图 3 - 10　患有子宫内膜炎奶牛的子宫

粮配比、酮病引发等。如果出现卡他感染，对下一个受精卵的着床发育都有影响。患有严重子宫内膜炎的病牛会从生殖道排出恶露、污血（图3-11），这可能是子宫内膜发生病变或分娩时出现感染等问题造成。直肠检查可发现病牛子宫角变粗，子宫壁增厚。若子宫内蓄积渗出物时，触之有波动感。

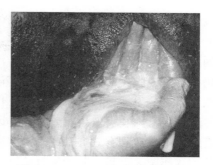

图3-11　患有子宫内膜炎奶牛的带血排出物

　　有的研究发现，慢性子宫内膜炎对奶牛繁殖性能的影响更加严重。如果不认真做好产后保健工作或产后保健工作不到位以及治疗不及时，将会有15％的经产牛由产后子宫内膜炎转为慢性子宫内膜炎。患有慢性子宫内膜炎病牛体内存在的致病菌会阻止受精过程，杀死受精卵（胚胎）和阻止胚胎着床。即使清除了致病菌，慢性子宫内膜炎的环境也不利于胚胎植入和着床，还会导致子宫内膜形成疤痕和输卵管粘连，使受精和着床过程难以顺利完成。致病菌的内毒素和炎症产物细胞因子也会进入外周循环而抑制丘脑下部促性腺释放激素的释放，故而使成熟卵泡无法排卵，致病菌的内毒素还会导致奶牛出现持久黄体。因此，母牛子宫发生炎症久而不愈，生殖机能未完全恢复就多次输精，会直接使精子、卵子受到毒害，危害受精卵发育，在生产中多表现为屡配不孕，母牛不能受胎或胚胎早期死亡、流产等。严重者会诱发母牛体内血清抗精子抗体滴度异常升高，造成母牛免疫障碍引起不孕。

　　患有亚临床子宫内膜炎的病牛不表现出任何子宫内膜炎的临床症状，因此，诊断这种情况需要使用子宫内膜细胞学、活检或任何其他能够证明存在子宫内膜炎症的方法。在实际生产中，超声检查被认为是一种诊断亚临床子宫内膜炎的便捷有效的方法。虽然超声检查的敏感性低于细胞学检查，但是可以通过检查子宫内是否存在液体以及测量子宫的直径，确定奶牛是否患有亚临床子宫内膜炎。

引起子宫内膜炎的病原菌较多，而且子宫内膜炎受到内分泌等因素的影响，所以子宫内膜炎的防治工作也更加复杂，目前在防控奶牛子宫内膜炎的过程中存在很多误区。误区一是单纯口服和注射四环素类抗生素，相关研究发现，仅仅使用四环素类抗生素治疗奶牛产后子宫内膜炎效果较差，这是因为四环素类抗生素在子宫各层组织中不易达到有效抑菌或杀菌浓度，同时引起产后子宫内膜炎的各种致病菌又极易对其产生抗药性。误区二是子宫灌注抗生素，子宫灌注抗生素治疗奶牛子宫内膜炎效果并不理想，这是因为奶牛产后子宫内的坏死组织和脓性分泌物会降低抗生素的有效作用，使抗生素在恶露中很快失活，且难以进入子宫深层组织和生殖道其他部位，并不能消除子宫的炎症。因为子宫内是无氧环境，氨基糖苷类抗生素（链霉素、庆大霉素、卡那霉素等）无法奏效。在产后灌注青霉素类和头孢菌素类药物几乎无任何疗效，因为此时子宫内存在着大量微生物，其可产生 β-内酰胺酶来抑制上述两类药物的活性。甚至有的研究发现，子宫内灌注抗生素会造成新的感染，或延滞子宫复旧，原因在于子宫内灌注抗生素会抑制白细胞的吞噬功能。四环素类药物如土霉素溶液和碘液消毒剂对子宫内膜均有非常强烈的刺激作用，对子宫是新的干扰，会造成子宫内膜出现凝固性坏死。另外，向子宫内灌注碘溶液等消毒防腐剂也是不可取的，会损伤被处理奶牛的生殖能力。

防控奶牛子宫内膜炎的关键是早诊断早治疗，一旦确诊就开始进行治疗流程，目前比较标准的治疗方法是肌内注射敏感广谱抗生素配合非甾体抗炎药以及液体疗法。子宫内膜炎的主要致病菌是大肠杆菌和化脓链球菌等，选择抗生素时，应考虑抗生素的抗菌活性和两种主要致病菌的耐药性。体外抗生素敏感性试验证明，相比头孢噻呋，头孢噻肟抗菌活性更高，经临床试验证明，头孢噻肟可用于急性子宫内膜炎病牛的治疗，效果优良。另外，有的研究发现使用前列腺素结合头孢噻肟治疗病牛的临床效果也比较理想。

肌内注射敏感广谱抗生素配合非甾体抗炎药防治奶牛子宫内膜

炎，虽能取得很好的疗效，但易造成抗药性，大剂量使用会造成牛乳中抗生素残留，进而危害人体健康。中草药能改善机体的免疫机能，提高动物抵御疾病的能力，同时无抗药性、残留且副作用小，克服了上述抗生素类药的缺点。很多研究证明，益母草、茯苓和黄芩等中草药原料对防治子宫内膜炎效果理想，目前市场上的一种纯中药专用药剂"清宫助孕液"对子宫内膜炎的临床治疗效果理想，对后期的受胎率也有改善。

为有效防控奶牛子宫内膜炎，应加强对奶牛的饲养管理，在饲料中增加矿物质以及维生素，提高奶牛的抵抗力，加强防疫和接产工作，防止奶牛被感染。应重视配种工作，分泌物不正常的奶牛和确诊的牛只不能进行配种，应等到治疗好后再进行配种，当奶牛产生症状时要及时对其进行治疗，避免拖延时间影响治疗效果。

2. 子宫积液　　子宫积液指子宫内积有大量棕黄色、红褐色或灰白色稀薄、黏稠液体，蓄积的液体稀薄如水亦称子宫积水。奶牛子宫积液大多发生于产后早期（15～60 d），而且常继发于分娩期疾病，如难产、胎衣不下及子宫炎，子宫颈常呈纤维化、无弹性、腔内粘连或出现其他损伤。子宫积液总是伴随着持久黄体的出现，这是由于子宫感染、内膜异常，而使产后排卵形成的黄体不能退化所致，持久黄体的出现又会导致发情周期的停止。另外，黄体酮会刺激子宫内膜腺体的生长和分泌活性，导致子宫内膜腺体和子宫腔内液体集聚，进一步发展成子宫积液，黄体酮也能抑制子宫肌层活动，进一步使子宫腺体分泌液滞留在子宫腔内。牛只配种之后子宫出现积液，可能与胚胎死亡有关，其病原是在配种时引入或胚胎死亡之后所感染。在发情周期的黄体期给动物输精，或给孕畜错误输精及冲洗子宫引起流产，也可导致子宫积液（图3-12）。布鲁氏菌是引起子宫积液的主要病原菌，溶血

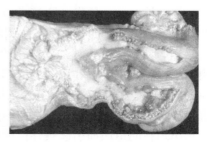

图3-12　子宫积液

性链球菌、大肠杆菌、化脓棒状杆菌及假单孢菌和真菌也常引起此病。胎毛滴虫在某些地区是引起胚胎死亡的常见病原，胚胎死亡后常发生浸溶，从而导致子宫积液。

由于子宫积液常伴随有持久黄体，所以病牛的典型症状是乏情。另外，子宫中积有大量脓性或黏脓性液体，可达 200～2 000 mL。产后子宫积液的病牛由于子宫颈开放，大多数在躺卧或排尿时会从子宫中排出不同颜色的脓液；尾根或后肢粘附有脓液或其干痂；阴道检查时也可发现阴道内积有脓液，颜色为黄、白或灰绿色。人工直肠检查可发现子宫壁变厚并有波动感，子宫体积的大小与妊娠 6 星期或者 5 个月的奶牛子宫相似，2 个子宫角的大小可能不相等，但是摸不到子叶、胎膜、胎体。当子宫体积很大时，子宫中动脉可能出现类似妊娠时的妊娠脉搏，且两侧脉搏的强度均等，卵巢上有黄体。病牛一般不表现全身症状，但有时，尤其是在病的初期，体温可能略有升高。

目前，治疗奶牛子宫积液的首选方法是给予正常黄体溶解剂量的前列腺素或其类似物，有约 80% 的患牛在治疗后会排出子宫分泌物且细菌被清除。虽然治疗后首次配种的受胎率可能很低，但是多数牛可在 3～4 次人工授精后妊娠。另外，约有 20% 的患牛需要重复治疗，使用前列腺素治疗时不需要联合进行子宫内治疗。

3. 阴道炎　奶牛阴道炎是一种由病原微生物感染产生的炎症，有的研究发现是由多种细菌和病毒引起的，甚至在有的病例中检测到了牛疱疹病毒和牛病毒性腹泻病毒。这种疾病在临床上包括原发性和继发性 2 种。原发性阴道炎是由于分娩时受伤而遭受细菌感染产生的。分娩损伤是造成急性、坏死性和慢性阴道炎的主要原因，同时难产和生殖道后段解剖结构的改变也可以导致阴道炎。另外，阴道吸气、会阴裂伤和尿液潴留都是诱发阴道炎的原发病因。慢性"吸气"会使空气阻塞在阴道内，从而导致炎症，使有机物感染的机会加大，这通常是由于阴道内的正常菌群或粪便内、皮肤上的微生物出现在阴道内而引起条件性感染。奶牛正常会阴结构的改变会使阴道污染更易发，这在外阴倾斜和阴道周围裂伤处很明显。尿潴留或阴道积尿可能是发生于分娩创伤、分娩损伤引起的部分膀胱瘫痪，或由于子宫和子宫颈负重过大而导致的子宫颈紧张。潴留在阴道中的尿液可能浸泡或深入子宫颈，而引发子宫颈炎和子宫内膜炎。继发性阴道炎多见于子宫内膜炎，还有子宫以及阴道胎衣不下等疾病。

奶牛阴道炎的标志是排出混浊的或黏着性的分泌物，从分娩后1~4 d开始出现背部弓起、尾巴翘起、厌食、排尿困难、紧张、外阴和外阴周围肿胀，可能还有恶臭分泌物，并可能持续2~4周，但是这些症状不能成为区别宫颈炎或子宫内膜炎的特异性症状。在病牛出现阴道炎时会从阴门中产生黏脓性分泌物，分泌物逐渐积累并且形成干痂，检查奶牛阴道能发现黏膜肿胀以及出血的情况，但没有全身症状。

阴道黏膜深层患有炎症的时候，会从阴门中排出带有臭味的脓性分泌物，通常奶牛会伴随尿频、体温升高、食欲减弱等症状，阴道黏膜中出现了肿胀、糜烂以及出血的情况，发展会产生浮膜性、颗粒性阴道炎，当翻开阴唇的时候会发现病变，包括黄色斑点以及水疱（图3-13），同时这种疾病有较强的感染性。直肠触诊和阴道镜检查一般用于诊断。使用阴道内窥镜检查时，可以观察到阴道黏膜红肿。

目前，阴道炎的治疗主要以抗生素治疗为主，另外结合体外用药效果更佳。治疗时，首先可以使用0.1%高锰酸钾溶液或0.01%~0.05%的新洁尔灭溶液冲洗阴道；阴道严重水肿时，用2%~5%的氯化钠溶液冲洗，有大量浆液性渗出物时再用1%~2%明矾溶液对奶牛阴道进行冲洗。在冲洗完

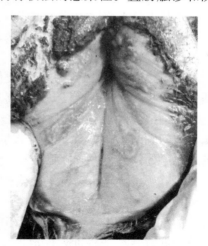

图3-13 母牛阴道炎

成后可以在其局部涂抹适量的药剂，例如碘甘油、抗生素软膏等，再根据实际情况进行抗生素注射，加强治疗效果。另外，有的研究也发现先使用阴道软化剂，再使用恩诺沙星也有不错的治疗效果。预防奶牛阴道损伤比治疗重要，尤其是助产时产道的润滑不足、不规范的操作和不耐心的阴道扩张都会导致疾病的发生。

第三节　营养及代谢性繁殖障碍

随着奶牛群体平均产乳量的增加，其群体繁殖性能显著降低，这是由于产乳对能量平衡的影响所致。只要能量平衡处于下降阶段，奶牛基本不可能排卵和怀孕。只有当奶牛达到最大能量负平衡后向能量正平衡发展时才可能发生排卵。有研究发现，奶牛的排卵一般发生在奶牛达到能量最大负平衡后并向正平衡发展的第 10 天左右，同时也指出，产乳量越高，间隔越长（到达能量最大负平衡和到达最大负平衡后的首次排卵时间）。能量负平衡的程度及恢复速率是影响奶牛繁殖率的重要因素，因此奶牛的营养及其代谢对奶牛的繁殖起着至关重要的作用。

保持奶牛体况合适，并为其提供适口、平衡的日粮确保其干物质采食量最大化，将会极大地提高其繁殖性能，不同营养成分的缺乏和过剩都会对奶牛的繁殖性能产生影响，例如当尿素氮和能量平衡出现问题时，会导致奶牛胚胎早期死亡、出现不规则的发情周期；奶牛的体况过瘦或过肥以及日粮中磷、硒等矿物质的含量水平过低时，奶牛群体卵巢囊肿发病率增加。

1. 能量　能量是有机体的第一营养需要，也是影响奶牛繁殖性能的重要因素。能量对奶牛繁殖的影响可发生在任何阶段：在生长阶段低营养水平将推迟性成熟，妊娠后期低能量将延迟产后发情，产后低能量则影响受胎率，其影响的阶段和损伤的程度取决于能量缺乏的程度。奶牛机体在利用能量方面有优先顺序：第一，要维持生命；第二，产犊后持续的产乳，保证犊牛的存活；第三，用来维持体况，但对于体重的增加还是减少并不是那么重要；第四，维持妊娠，奶牛一旦受孕成功，她的能量需求就会超过产乳需求。因此，能量对奶牛的繁殖性能影响特别大，尤其在出现能量负平衡时对奶牛的繁殖影响更为严重。

奶牛围产后期即产后阶段容易产生能量负平衡，这个阶段产乳量迅速增加，但采食量却没有同步增长，所以容易产生能量负平衡。有研究发现，77％的繁殖障碍发生在能量负平衡期，即新产牛阶段。如果我们能在产后尽可能缩小能量负平衡，就能够帮助减缓繁殖障碍的发生。在能量负平衡产生的过程中，我们需要找出能量不足是由日粮中能量过低还是因为瘤胃机能太差所导致。有研究认为，在泌乳早期（14～100 d）补充脂肪有助于减少能量负平衡，从而提高奶牛的繁殖效率。

2. 蛋白　日粮中含有13％～18％的粗蛋白含量对于母牛的繁殖是必需的。日粮蛋白质水平过高或过低对母牛繁殖均不利。如果日粮中蛋白水平过低，会影响奶牛生殖激素的分泌，致使奶牛的发情调控受到影响；反之，过高的日粮蛋白水平特别是过高的瘤胃降解蛋白对奶牛的繁殖性能有不利影响，这种影响与血浆中高水平的氮和尿素对肠道、产道、生殖系统有毒害，会影响繁殖；过高的蛋白水平也会导致生殖道pH升高，从而降低精子在生殖道内的活力和存活时间，造成受精率下降。另外，尿素和氨气会通过血液循环进入卵巢并损害生殖细胞，即使受精卵已经形成，也会被杀死。因此，我们要随时监控，以防止这样的情况发生。在奶牛场实际生产中，可以通过检测血液或者牛奶中的尿素氮水平，确定蛋白水平是否会对繁殖产生影响，正常的尿素氮水平应该控制在12％～14％。

3. 矿物质　日粮中矿物元素的缺乏是不易察觉的，比如牛只过瘦、过肥或有其他异常，可能都与此有关。当日粮中含有较低的钴、铜、碘、锰、磷、硒或过高的钼会降低瘤胃微生物的活性从而降低了瘤胃内发酵的速度，影响了动物的食欲和对干物质的采食量，降低多种消化酶的活力。酶活力的下降影响奶牛体内能量和蛋白的代谢及激素的合成，从而影响到奶牛的繁殖。对于围产期奶牛，考虑到有机矿物元素吸收率更高一些，所以铜、锰、锌、锡等的添加都建议使用有机形式的，其他矿物元素都使用无机的。

日粮中钙的水平对繁殖也至关重要，亚临床低钙会导致死胎、胎衣不下，并且缺钙易导致产后瘫痪。建议围产期应用低钙日粮方案，产后通过灌服进行补钙、提高免疫力。但由于矿物质的需要量小而且存在体内循环，所以奶牛只有长期缺钙时才能导致繁殖障碍。

4. 维生素 在奶牛的日粮中维生素 A、D、E 对牛的繁殖有特别重要的影响。维生素 A 对生殖上皮及胎盘的完整性有重要的影响，饲粮中缺乏维生素 A 将导致安静发情发生率高，并容易发生卵巢囊肿或胚胎死亡等病。维生素 D 会影响到钙的吸收，从而造成关节肿胀以及骨骼易断、组织变硬、后腿僵直且提起困难、痉挛以及呼吸困难、产后瘫痪等。维生素 E 对繁殖的影响更为重要，它和硒一起有助于抑制脂类的氧化并维持细胞膜的完整性，若缺乏，会影响到奶牛整个繁殖阶段，甚至包括奶牛产后子宫的恢复。

5. 霉菌毒素 近年来，为了开发新饲料及节本增效，奶牛日粮种类和结构日趋多样化。多种原料成分的使用也增加了日粮受霉菌毒素污染的风险，从而对牛群的繁殖性能造成影响。霉菌毒素对奶牛的繁殖影响很大，包括流产、假发情、乱发情、性早熟等。有的研究发现，没有受到霉菌毒素影响的奶牛受胎率是 87%，受霉菌毒素影响的奶牛受胎率只有 42%。当采食过多被霉菌毒素污染的饲料后，奶牛的子宫会显著变大（图 3 - 14），造成屡配不孕，既浪费冻精又造成繁殖障碍，影响奶牛的正常生产。因此，霉菌毒素的监测对奶牛生产非常重要，一般不同的原料霉菌毒素的种类不同，例如干酒糟及其可溶物重点检测黄曲霉毒素、呕吐毒素和玉米赤霉烯酮，棉粕和棉籽重点检测黄曲霉毒素，青贮玉米和麸皮重点检测呕吐毒素等。

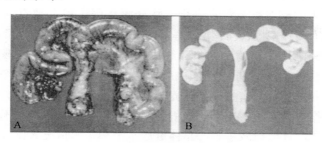

图 3-14　受霉菌毒素影响的奶牛子宫
A. 受霉菌毒素影响的子宫　B. 正常子宫

　　我们应从饲草料的生长、收获、加工、运输、贮藏和采购等各个环节来预防和控制霉菌毒素，以期最大限度地减少霉菌毒素的污染。对于干草产品等饲料原料一般建议使用防霉剂来预防发霉，包括化学防霉剂和天然防霉剂。我国目前允许使用于饲草料的化学防霉剂品种有甲酸、甲酸钙、甲酸铵、乙酸、双乙酸钠、丙酸、丙酸钙、丙酸钠、丙酸铵、丁酸、乳酸、苯甲酸、苯甲酸钠、山梨酸、山梨酸钠、山梨酸钾、富马酸等。天然防霉剂主要以中草药及其提取物、天然矿物质及其复合物为主：陈皮、藿香、艾叶、杜仲、大蒜素、丁香、苦参等的抗霉菌活性较强；生姜对大肠杆菌、金黄色葡萄球菌特别是黄曲霉具有强烈的抑制作用；天然矿物质防霉剂如氧化钙和沸石粉，主要利用前者具有碱性抑菌特性，而后者对霉菌具有吸附作用。

　　对已经存在霉菌毒素污染的饲草产品及饲料原料，应采取合适的措施对霉菌毒素污染进行控制。目前，主要的霉菌毒素去除方法有：传统的物理化学方法、吸附剂吸附法以及最新的生物降解法。传统的物理化学方法存在效果不稳定、营养成分损失较大以及难以规模化生产等缺点，难以广泛应用。吸附剂吸附法是目前应用较多的方法，当前市场上霉菌毒素吸附剂种类繁多，常用霉菌毒素吸附剂主要成分为蒙脱石、硅铝酸盐、酵母细胞壁等。无机硅铝酸盐类吸附剂对吸附黄曲霉毒素有一定效果，对玉米赤霉烯酮、呕吐毒素吸附效果差。近年来研究发现，利用微生物及其代谢产生的酶对霉菌毒素进行生物降解克服了以上缺点，生物降解法具有专一性强、转化效率高等特点越来越受到研究者的关注。未来利用生物酶制剂来降解饲料中的霉菌毒素将是霉菌毒素去除方法的发展方向。

营养饲喂，其实主要是营养平衡，即投入和产出平衡。我们不能只根据产乳量进行饲喂，我们必须根据奶牛体况，针对不同泌乳阶段的体况评分以及牛只的总体健康水平和繁殖情况来设计日粮配方，并且要根据奶牛场的具体情况及目标需求来设计日粮配方，从而达到奶牛高产和奶牛健康的目标。

第四节　分娩及分娩后的繁殖障碍

>>　一、难产

奶牛的难产度是指奶牛分娩胎儿的容易程度，是评价奶牛繁殖性能高低的一个重要指标。难产是奶牛临床上的常发病，正常发病率为 2%～3%，若由于饲养管理不善和助产不当，发病率可达 15%～20% 甚至以上，而且随着牧场对高产乳量的追求，难产的发生率越来越高。难产不仅会增加母牛的死亡率，导致犊牛的损失，增加人工成本和药物成本，还会推迟母牛发情，降低受胎率，是影响牧场效益的最大问题之一。

与正常奶牛相比，经历难产的奶牛产后首次发情时间、首次配种、首次受孕和产仔间隔时间更长。奶牛难产时还会伴有子宫炎、胎衣不下、产褥热等产后疾病。另外，奶牛难产时免疫缺陷可能会加重，从而又会影响到奶牛很多其他生理机能。有研究发现，母牛产后 45 d 时，顺产牛比难产牛的发情数量要多 14%，而且受胎率比难产牛要高 6%，在母牛的整个繁殖期，难产牛的受胎率比顺产牛要低 16%，所以难产对奶牛的繁殖影响非常大。

运动、基因、犊牛出生体重、犊牛性别、营养、牛体产仔体重、妊娠期、季节等因素都会影响分娩过程。具体原因有：母牛的原因包括宫颈扩张不当、子宫排斥力衰竭（子宫惰性）、子宫肌瘤等；胎儿原因包括胎儿畸形、疾病等。脑积水、腹水、胸腔积液也是导致难产的最常见疾病。有研究发现，不同胎次对奶牛难产度影响显著，前 4 个胎次的难产度随着胎次的增加难产度减小；不同产犊季节对难产度有显著的影响，冬季的难产度普遍高于春、夏、秋季。

总体来说，为了避免奶牛的难产，首先要保证奶牛的体况适中、营养供给平衡，需要根据牛群的实际情况选择合适的冻精，尤其是初配牛，应适当降低出生重。在奶牛场中预防难产最简单有效的方法是增加妊娠牛的运动量，通过运动可以增加奶牛的身体张力和力量，使产程收缩更强、分娩时间更短、子宫惯性更小、恢复更快。另外，一定要重视青年牛的生长发育，保证其配种时的体重达到成年牛的 65% 以上；还要规范助产操作，什么时候助产，怎么助产都要有一个科学合理的标准，从而降低难产对奶牛的影响。

>> 二、产后瘫痪

产后瘫痪是奶牛特有的一种营养代谢性疾病，血钙下降为主要原因。产后瘫痪是代谢紊乱所导致的症状，通常出现在产犊后。主要是奶牛在怀孕期间饲料管理不当，饲料过于单一，导致营养不良，缺乏钙、磷类微量元素和维生素，妊娠奶牛饲喂过多的青草，会减少其对钙的吸收，外加缺乏运动或光照，导致母牛出现血钙量低的状况。正常情况下，健康奶牛的血钙浓度为 $0.08 \sim 0.12\ mg/mL$，若低于这一数值，会致使奶牛产后肌酸肢麻，导致瘫痪。另外，若奶牛产后钙调节功能紊乱，也会造成血钙量低的状况，再加上奶牛分娩后泌乳能力提高，会有大量血钙通过乳汁排出，导致母牛体内血钙水平下降，还会伴有甲状腺功能紊乱，甲状腺激素分泌下降，造成多个器官贫血，大脑缺氧、贫血，导致中枢神经出现障碍诱导产后瘫痪的发生。

　　患有产后瘫痪的病牛主要症状是精神沉郁，肌肉震颤，四肢无力，严重时只能够卧地不起，将其吊起后，往往可见其右侧后肢无法充分碰触地面（图3-15），同时由于用力挣扎造成全身出汗，尤其是颈部出汗最多。另外，病牛的

图3-15　产后瘫痪的奶牛

眼睑反射较为微弱，皮肤变凉，呼吸速度非常慢，四肢受到刺激后没有任何反应，胃部基本上停止蠕动，体形消瘦，肛门松弛，头颈弯曲，往往弯至胸腹部。

　　防控奶牛的产后瘫痪重在于预防，在干乳期饲喂低钙日粮是个很不错的预防方法。另外，饲喂大量维生素D或在产前2～3 d给奶牛注射维生素D代谢产物也是非常好的办法，但是有时因无法确切地知道奶牛产犊时间给这种办法的实施带来了困难。有研究发现，控制产前奶牛日粮的阴阳离子平衡可有效减少产后瘫痪的发生。针对干乳期妊娠奶牛，调配日粮时应注意增加氯离子和硫酸根离子的添加量，同时维持钠离子和钾离子的正常添加量。氯离子和硫酸根离子的最常见来源是氯化铵和硫酸镁。还有其他一些金属盐可提供这两种阴离子，如硫酸铝、硫酸铵和氯化钙。有研究表明，增加日粮中的阴离子盐含量对缓解奶牛产后瘫痪作用显著，但是饲喂阴离子盐时一定要注意适口性，并且做好奶牛尿液 pH 的监测。倘若饲养管理条件有限，饲喂低钙日粮可靠性更高。

　　临床上治疗奶牛产后瘫痪主要是采取糖钙疗法，促使血糖、血钙浓度快速升高。病牛可静脉滴注复方氯化钠、复合维生素 C、磷酸地塞米松；也可以静脉滴注 10％葡萄糖酸钙、复方氨基比林、

30％安乃近；或静脉滴注 10％葡萄糖、碳酸氢钠、复合维生素 B。上述药物每天 1 次，连续使用 3 d。病牛在进行糖钙疗法治疗时，轻症者在输液后症状立即有所减轻，很快就可站起，为避免复发，巩固疗效，可连续使用 3～5 d；对于症状严重的病牛，可连续输液 5 d。

>> 三、胎衣不下

奶牛胎衣不下又称胎衣滞留，是指奶牛分娩后 12 h 以上还未能正常排出胎衣，若不及时治疗往往会对奶牛以后的发情、配种、怀孕造成不良的影响。国内外多项研究表明，在奶牛的养殖生产过程中，奶牛胎衣不下的发病率为 8％～12％，在一些饲养管理不善的奶牛养殖企业或养殖户中，奶牛胎衣不下的发病率甚至可以高达 45％。

造成奶牛胎衣不下的原因有很多，而且多数由于综合因素引起，主要原因有：营养性胎衣不下，比如硒缺乏、维生素 E 缺乏、维生素 A 缺乏等微量元素和维生素缺乏；流产性胎衣不下；热应激性和分娩应激性胎衣不下；分娩低血钙性胎衣不下；分娩能量负平衡性胎衣不下；内分泌紊乱性胎衣不下。其次，由于奶牛肥胖、运动不足，以及围产前期牛群密度过大、干物质采食量不足都会引起胎衣不下。另外，奶牛在分娩生产过程中，子宫剧烈收缩或脐带血管关闭太快，会导致胎盘迅速充血，进一步引起胎盘上的毛细血管表面积扩大，从而引发镶嵌在胎盘腺窝中的绒毛膜和绒毛发生水肿，这也进一步导致胎盘中绒毛的血液不能顺利排出，水肿继续延续到绒毛末端，使得胎盘腺窝的压力不能顺利下降，胎盘组织之间的连接更加紧密而不能够轻易分离，从而导致奶牛发生胎衣不下。同时在奶牛妊娠期间，给奶牛饲喂发霉变质的饲料，奶牛的子宫受到沙门氏菌、李氏杆菌、病毒或者寄生虫等的感染，以及在分娩生产过程中奶牛的生殖道受到感染，都会导致奶牛的胎盘和子宫发生炎症，进而导致奶牛发生胎衣不下。

胎衣不下分为部分胎衣不下与全部不下：部分胎衣不下的病牛有一部分土红色的胎衣垂挂于阴门外，上面有脐带血管断端和大大小小的子叶，大多数胎衣滞留在子宫体内（图3-16）；全部胎衣不下是全部胎衣滞留在子宫和阴道内，仅少量胎膜悬垂于阴门外，或看不见胎衣。胎衣不下初期一般没有全身症状，一般在经过

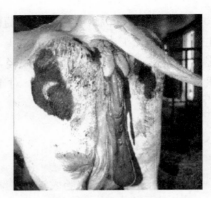

图3-16 胎衣不下

1~2 d以后，滞留的胎衣开始在母牛体内腐败分解，从阴道内排出污红色混有胎衣碎片的恶臭液体，腐败分解产物若被子宫吸收，可出现败血型子宫炎、子宫积液和败血症，表现体温升高、精神沉郁、食欲减退、泌乳量下降、举尾、弓腰、不安、轻微努责等症状。

根据引起奶牛胎衣不下的病因，应在奶牛妊娠过程中，依据奶牛的生理需求和胎儿个体的发育情况，实时调整奶牛的日粮配方，补充镁、硒、铜等矿物质和维生素 E 等，实时监测饲料原料的霉菌毒素含量，并且让奶牛保持足够的运动量，维持在一个适合生产的状态。同时保证奶牛在生产时保持足够的体能，使子宫具有足够的收缩力，可有效预防奶牛胎衣不下的发生。另外，一定要做好饲养管理，降低双胎、流产、早产和难产引起的胎衣不下的发生率。

胎衣不下的临床治疗一般不提倡采用手术剥离法，因为术者剥离不当、没有严格遵守操作规程、消毒不严等都可引起奶牛子宫疾病，或使胎衣残片遗留在子宫内，造成子宫发炎，或使子宫壁及子宫内膜受到损伤，另外也不建议使用重物吊挂。目前有效的治疗方法是：使用催产素肌内或皮下注射，6 h 后重复注射 1 次，可配合应用雌激素，以增强母牛子宫对催产素的敏感性。使用 2 次催产素后胎衣若仍然滞留，后期可全身使用抗生素结合前列腺素连续治疗3 d，若联合非甾体类药物效果更佳，同时可灌服产后补液，在整

个治疗过程中不建议进行子宫灌注治疗。

>> 四、产后保健

　　奶牛分娩后使其机体内分泌、营养代谢、生理状态等方面都发生较大的应激变化，这种生理应激会给部分奶牛带来疾病及非常态的反应，产道的开放也使奶牛容易感染较多疾病，再加上此阶段奶牛处于能量负平衡、低血钙、子宫炎等高风险期，易导致奶牛过肥或过瘦和运动量不足，从而引起肌肉紧张性降低而引起子宫弛缓，或者子宫肌收缩无力。机械性损伤等因素引起的早产、流产、死胎、胎衣不下等会使奶牛子宫内分泌突然失调，而造成子宫复旧不全。因此，产后这个时期是奶牛饲养管理中最重要的时期，必须做好奶牛产后监控及护理保健工作。

　　产后保健期是从奶牛分娩到子宫完全复旧的时间，它可以分为三个阶段：产褥期是从分娩到垂体对 GnRH 产生反应的时期（通常是产后 7~14 d）；中间期开始于垂体对 GnRH 越来越敏感，并持续到产后第一次排卵（产后 14~20 d）；排卵期是指从产后第一次排卵到复旧完成的时间（产后 42~50 d）。对奶牛产后的监测与管理决定了奶牛整个泌乳期的生产水平和繁殖性能，是奶牛生产周期中的关键阶段，在此期间，由于产犊应激、采食量下降等使奶牛身体机能较弱，处于不同程度的能量负平衡及低血钙状态，容易引发胎衣不下、子宫炎、乳腺炎、产褥热、酮病、真胃移位、产后瘫痪等疾病。其中乳腺炎发病较为普遍，表现为产乳量下降，乳中含有细菌、病毒，引起乳房红肿、疼痛，奶牛不配合挤奶，乳汁呈水样乳，奶牛精神不振、食欲减退；子宫炎也是高发疾病，主要表现为产后恶露不净、子宫脱落，常见患病奶牛阴门内流出淡红色或棕褐色分泌物；奶牛产后瘫痪是分娩后发生的严重代谢病，由于奶牛胎儿骨骼发育，血钙大量进入初乳引发，主要表现为低血糖、精神不振、食欲减退，奶牛站立不稳、卧地不起、瘫痪；除以上常见病外，奶牛还有产后不发情或发情时间推迟等问题，导致母牛空怀时间延长和繁殖水平下降，往往给奶牛场造成巨大的经济损失。对产后牛进行健康监测，不仅有助于尽早发现病牛并对其及时提供支持性治疗，还有利于预防疾病、减少损失。因此要加强产后保健和疾病预防，加快产后奶牛机体恢复。

为了做好产后奶牛的保健工作，要设立监控目标，及时发现异常奶牛、采取相应措施，提高疾病的治愈率。监控内容包括奶牛产后连续 10 d 的直肠体温、精神状态、食欲、子宫分泌物、乳房、粪便等。在监控过程中要注意以下几点：第一，观察牛只精神状态和饮食情况，关注其是否精神沉郁、食欲废绝及剩料量等；第二，观察奶牛胎衣是否排出、是否产道损伤、后躯清洁度、瘤胃充盈度；第三，观察奶牛粪便形状、乳房水肿状况、是否发烧、奶产量等。如发现异常，要检测直肠体温、耳朵温度进一步判断是否感染疾病；如果体温升高，则需要确诊是否感染子宫炎及乳腺炎；耳朵温度发凉要判断是否发生酸中毒、低血钙等。另外，规模养殖场应使用奶牛发情检测计步器，通过对奶牛运动量的检测，判断奶牛发情状况和健康状况，可有效提示育种人员开展奶牛繁殖和保健工作，减少人员观察的误差，降低奶牛空怀时间及饲养成本，提高奶牛场繁殖水平。同时要及时做好产后监控记录，主要包括：产后 10 d 以内的体温监测；产后 8～10 d 尿酮监测；监测子宫分泌物情况，产后 5 d 检查后躯是否感染，子宫内的分泌物是否异常；监测真胃变位情况，对产后 30 d 内采食不佳、产量下降的奶牛听诊是否变位；监测瘤胃的充盈度和蠕动情况、乳房的充盈度和乳房炎症等，以达到数据化管理。

奶牛产后保健非常重要，常采取的措施是产后立即灌服复合营养液、立即投放钙棒和对初产及难产的奶牛注射新一代非甾体类解热镇痛抗炎药，取得了很好的效果。奶牛产后立即灌服复合营养液，既满足了营养需要，又补充了分娩引起的体液损失，有助于新产牛产后恢复体能，提高抵抗力。通过产后补充液体钙和液体生糖前体物质及代谢调节剂，可快速提高钙含量和糖含量，有效控制奶牛代谢病及产后瘫痪的发生，加快产后奶牛的恢复。操作方法为将复合营养液各成分加入清洁专用铁桶中，加入水均匀搅拌后，用灌服器对奶牛进行口腔灌服。

奶牛产后低血钙是危害奶牛生产的严重代谢性疾病，发病率为3％～7％，有些品种奶牛发病率高达30％。有研究发现，60％的经产母牛产犊后患有亚急性低血钙，导致产乳量显著降低14％，并经常伴发其他产后疾病，如胎衣不下、产后瘫痪和酮病等。如果不采取有效防治措施，高产奶牛会被迫淘汰，给奶牛场的生产经营带来巨大的经济损失。因此，奶牛的产后补钙势在必行。由于奶牛在产后会伴有严重的疼痛和炎症，引起采食量下降、抵抗力下降，易继发胎衣不下、子宫炎、乳腺炎等各种疾病。因此对初产、难产的奶牛产后立即肌内注射新一代非甾体类解热镇痛抗炎药，能有效镇痛、退烧、控制炎症，并提高采食量、降低产后应激、促进子宫复旧。另外，有研究认为，产后注射2次前列腺素可以促进子宫复旧，达到产后保健的效果。

本章参考文献

包寿春，1998. 应用催产素治疗奶牛持久黄体性不孕症 [J]. 黑龙江动物繁殖（2）：22.

陈小华，朱世锋，2018. 浅谈牛胎衣不下的病因与防治措施 [J]. 山东畜牧兽医（5）：84-85.

范伯胜，吴剑锋，2014. 奶牛生殖系统疾病的治疗 [J]. 兽医导刊（10）：75.

范绍昌，2008. 奶牛难产的诊疗与预防措施 [J]. 兽医临诊（236）：81.

傅春泉，季敬余，张建中，2007. 奶牛生殖器官缺陷的诊断 [J]. 中国奶牛（S1）：111-112.

黄显晔，2013. 奶牛子宫积液及子宫积脓的病因与诊治 [J]. 养殖技术顾问（4）：134.

惠冰，牛鑫，张瑞秋，等，2008. 奶牛不孕症发生的原因和治疗措施 [J]. 河南畜牧兽医（市场版），29(15)：31-46.

姜亚明，刘伯平，张永，等，2011. 美达佳及博威钙对新产生保健效果观察 [J]. 中国奶牛（5）：48-50.

蒋腾蛟，冯杰，王开功，2011. 奶牛胎衣不下的原因和诊治 [J]. 贵州畜牧兽医（2）：32-34.

李宗方，叶东东，黄锡霞，等，2011. 影响荷斯坦奶牛难产度的因素分析 [J]. 新疆农业科学，48(1)：160-165.

林凤桥，2017. 奶牛子宫积液的病因分析和诊疗方法 [J]. 黑龙江动物繁殖，25(2)：43-44.

马德礼，2013. 奶牛繁殖障碍性疾病的病因分析 [J]. 中国畜禽种业，9(8)：58-59.

浦仕飞，2016. 奶牛胎衣不下对其繁殖和生产性能的影响 [J]. 上海畜牧兽医通讯（3）：41-43.

祁生旺，呼日查毕力格，田志，等，2008. 探棒法诊断奶牛犊先天性生殖器官发育不全 [J]. 中国兽医杂志，44(4)：74.

曲晓亮，苏妮，2019. 奶牛常见生殖系统疾病的诊治 [J]. 世界热带农业信息（8）：52-53.

宋晓军，2020. 牛子宫疾病的诊断和治疗 [J]. 畜牧兽医科技信息（2）：99-100.

孙建，2019. 奶牛产后保健的护理流程和预防治疗 [J]. 今日畜牧兽医（8）：74-75.

孙丽衡，2016. 奶牛胎衣不下的诊断与防治 [J]. 黑龙江动物繁殖，24(5)：51-52.

王丹，2020. 奶牛产后瘫痪的发病因素、临床症状、鉴别诊断和防治 [J]. 现代畜牧科技（3）：121.

徐玉花，2013. 奶牛四种繁殖障碍性疾病的病因分析 [J]. 当代畜禽养殖业（8）：37-38.

杨化玉，耿慧兰，马安忠，2012. 奶牛卵巢囊肿的病因与防治 [J]. 中国奶牛（15）：17-19.

张力仁，Carl Davis，徐怀南，2012. 奶牛营养代谢紊乱引起的疾病与繁殖障碍 [J]. 中国奶牛（21）：55-56.

Barlund C S，Carruthers T D，Waldner C L，et al，2008. A comparison of diagnostic techniques for postpartum endometritis in dairy cattle [J]. Theriogenology，69：714-723.

Bartlett P C，Kirk J H，Wilke M A，et al，1986. Metritis complex in Michigan Holstein-Friesian cattle：incidence，descriptive epidemiology and estimated economic impact [J]. Prev Vet Med，4：235-248.

Beeckman A，Vicca J，Van Ranst G，et al，2010. Monitoring of vitamin E status of dry, early and mid – late lactating organic dairy cows fed conserved roughages during the indoor period and factors influencing forage vitamin E levels: Vitamin E content of forage in organic dairy farming [J]. Journal of Animal Physiology and Animal Nutrition, 94(6): 736 – 746.

Benzaquen M E, Risco C A, Archbald L F, et al, 2007. Rectal temperature, calving related factors and the incidence of puerperal metritis in postpartum dairy cows [J]. Journal of Dairy Science, 90(6): 2804 – 2814.

Chisha Z V, Toshihiko N, Kyoji Y, et al, 2000. Clinical response of inactive ovaries in dairy cattle after prid treatment [J]. Japanese Journal of Animal Reproduction, 46(6): 415 – 422.

Civelek T, Celik H A, Avci G, et al, 2008. Effects of dystocia on plasma cortisol and cholesterol levels in Holstein heifers and their newborn calves [J]. Bulletin Veterinary Institute in Pulawy, 52: 649 – 654.

Curtis C R, Erb H N, Sniffen L J, et al, 1983. Association of parturient hypocalcaemia with eight periparturient disorders in Holstein cows [J]. Journal of the American Veterinary Medical Association, 183: 559 – 561.

Denis – Robichaud J, Dubuc J, 2015. Randomized clinical trial of intrauterine cephapirin infusion in dairy cows for the treatment of purulent vaginal discharge and cytological endometritis [J]. Journal of Dairy Science, 98: 6856 – 6864.

Douglas G N, Rehage J, Beaulieu A D, et al, 2007. Prepartum nutrition alters fatty acid composition in plasma, adipose tissue, and liver lipids of periparturient dairy cows [J]. Journal of Dairy Science, 90: 2941 – 2959.

Fajt, Virginia, O'Connor, et al, 2015. Evaluating treatment cross mark options for common bovine diseases using published data and clinical experience [J]. The Veterinary Clinics of North America. Food Animal Practice, 31(1): 1 – 15.

Galvão K N, Frajblat M, Brittin S B, et al, 2009. Effect of prostaglandin F2α on subclinical endometritis and fertility in dairy cows [J]. Journal of Dairy Science, 92: 4906 – 4913.

Goshen T, Shpigel N Y, 2006. Evaluation of intrauterine antibiotic treatment of clinical metritis and retained fetal membranes in dairy cows [J]. Theriogenology, 66(9): 2210 – 2218.

Graham D A, 2013. Bovine herpesvirus – 1(BoHV – 1)in cattle – a review with emphasis on reproductive impacts and the emergence of infection in Ireland and the United Kingdom [J]. Ir Vet J, 66: 15 - 25.

Heralgi M, Thallangady A, Venkatachalam K, et al, 2017. Persistent unilateral nictitating membrane in a 9 - year - old girl: a rare case report [J]. Indian Journal of Ophthalmology, 65(3): 253.

Herath S, Lilly S T, Fischer D P, et al, 2009. Bacterial lipopolysaccharide induces an endocrine switch from prostaglandin F2α to prostaglandin E2 in bovine endometrium [J]. Endocrinology(4): 1912.

Herath S, Williams E J, Lilly S T, et al, 2007. Ovarian follicular cells have innate immune capabilities that modulate their endocrine function [J]. Reproduction, 134: 683 - 693.

Kasimanickam R, Duffield T F, Foster R A, et al, 2004. Endometrial cytology and ultrasonography for the detection of subclinical endometritis in postpartum dairy cows [J]. Theriogenology, 62: 9 - 23.

Khan M Z, Foley G L, 1994. Retrospective studies on the measurements, karyotyping and pathology of reproductive organs of bovine freemartins [J]. Journal of Comparative Pathology, 110(1): 25 - 36.

Kirkland P D, et al, 2009. Infertility and venereal disease in cattle inseminated with semen containing bovine herpesvirus type 5 [J]. Vet Rec, 165: 111 - 113.

Lavon Y, Leitner G, Goshen T, et al, 2008. Exposure to endotoxin during estrus alters the timing of ovulation and hormonal concentrations in cows [J]. Theriogenology, 70(6): 956 - 967.

Long S E, 1990. Development and diagnosis of freemartinism in cattle [J]. In Practice, 12: 08 - 210.

Marcum J B, 1974. The freemartin syndrome [J]. Animal Breeding Abstracts, 42: 227 - 241.

Meira E, Henriques L, Sá L, et al, 2012. Comparison of ultrasonography and histopathology for the diagnosis of endometritis in Holstein - Friesian cows [J]. Journal of Dairy Science, 95: 6969 - 6973.

Moeller R B, Crossley B, Adaska J M, et al, 2018. Parapoxviral vulvovaginitis in holstein cows [J]. Journal of Veterinary Diagnostic Investigation, 30 (3): 464 - 467.

Padula A M, 2005. The freemartinism syndrome: an update [J]. Animal Reproduction Science, 87: 93 - 109.

Purohit G N, Barolia Y, Shekhar C, et al, 2011. Maternal dystocia in cows and buffaloes: a review [J]. Open Journal of Animal Sciences, 1(2): 41 - 53.

Purohit G N, Kumar P, Solanki K, et al, 2012. Perspectives of fetal dystocia in cattle and buffalo [J]. Veterinary Science Development, 2(8): 31 - 42.

Rajala - Schultz P J, Grohn Y T, McCulloch C E, et al, 1999. Effects of clinical mastitis on milk yield in dairy cows [J]. Journal of Dairy Science, 82(6): 1213 - 1220.

Roche J F, 2006. The effect of nutritional management of the dairy cow on reproductive efficiency [J]. Animal Reproduction Science, 96(3 - 4): 282 - 296.

Salehi R, Colazo M G, Gobikrushanth M, et al, 2017. Effects of prepartum oilseed supplements on subclinical endometritis, pro - and anti - inflammatory cytokine transcripts in endometrial cells and postpartum ovarian function in dairy cows [J]. Reproduction Fertility and Development, 29(4): 747 - 758.

Sheldon I M, Lewis G S, LeBlanc S, et al, 2006. Defining postpartum uterine disease in cattle [J]. Theriogenology, 65(8): 1516 - 1530.

Shimizu T, Miyauchi K, Shirasuna K, et al, 2012. Effects of lipopolysaccharide(LPS)and peptidoglycan(PGN)on estradiol production in bovine granulosa cells from small and large follicles [J]. Toxicology in Vitro, 26: 1134 - 1142.

Silvestre F T, Carvalho T S, Crawford P C, et al, 2011. Effects of differential supplementation of fatty acids during the peripartum and breeding periods of Holstein cows: II. Neutrophil fatty acids and function, and acute - phase proteins [J]. Journal of Dairy Science, 94: 2285 - 2301.

Wetzstein H G, DeJong A, 1996. In vitro bactericidal activity and post antibiotic effect of fluoroquinolones used in veterinary medicine [J]. Compendium on Continuing Education for Practising Veterinarian, 18(2): 22 - 29.

Williams E J, Fischer D P, Noakes D E, et al, 2007. The relationship between uterine pathogen growth density and ovarian function in the postpartum dairy cow [J]. Theriogenology, 68: 549 - 559.

Zhang T, Buoen L C, Seguin B E, et al, 1994. Diagnosis of freemartinism in cattle: the need for clinic and cytogenic evaluation [J]. J Am Vet Med Assoc, 204(10): 1672 - 1675.

第四章 奶牛繁殖管理

第一节 奶牛繁殖管理评定指标

奶牛繁殖力是指维持其正常繁殖机能生育后代的能力。公牛产生质优量多的精液，即是繁殖力高的表现；母牛在一生中和某段时间内，繁殖后代的数量多、质量好，即是繁殖力高的表现。决定奶牛繁殖力高低的生理基础是其生殖系统机能的高低。所以提高奶牛繁殖力的措施必须以保证和充分发挥公牛与母牛两方面的正常繁殖力为基础，从对其进行科学的饲养管理和繁殖管理着手，并要充分利用繁殖新技术，挖掘优良公、母牛的繁殖潜力。

>> 一、繁殖力的概念

奶牛生产的目的除了提供优质、安全奶源外，还需提高奶牛的生产经济效益。奶牛繁殖管理就是为实现这两个目标而从群体角度探讨提高牛群繁殖力、降低繁殖成本的理论与方法。

繁殖力一般是指奶牛维持正常繁殖机能并生育后代的能力，是评定奶牛生产力的综合指标。繁殖力是一个综合性状，涉及奶牛生殖活动各个环节的机能。奶牛繁殖力的高低受多种因素的影响。公牛的繁殖力，主要表现在公牛性成熟早晚、性欲强弱、提供精液的品质和数量、配种母牛的受胎效果以及遗传性能等方面。此外，还涉及公牛的体质状况、生殖机能、性行为表现、承受采精频率以及利用年限等方面情况。这些指标在一定程度上都可反映公牛的繁殖能力，特别在奶牛育种工作中，常以后裔测定作为鉴定种公牛种用价值的一项重要指标。母牛繁殖力主要表现为生育后代的能力。此外，母牛的体质状况和遗传性能，特别是生殖机能（如性成熟的早晚、繁殖周期的长短、卵子受精能力的强弱、妊娠维持的正常与否等）均可反映母牛的繁殖力。近年来，为开发母牛的潜在繁殖能力，应用超数排卵、卵细胞体外成熟培养及胚胎移植等繁殖新技术，来充分发挥母畜繁殖潜力，已取得了明显的效果，其中胚胎移植技术在奶牛生产上已被证明是提高优良母牛繁殖力的有效途径。

在奶牛生产中，奶牛必须经过发情、配种、受胎、妊娠、胚胎发育、分娩等生殖活动后才能泌乳，因此，繁殖是决定奶牛泌乳的基本条件。在实际生产中发现，牛群的平均配种受胎率较低，饲养管理再好，也无法充分发挥其遗传潜力，平均产乳量也会降低。所以，繁殖力在奶牛生产中是一个重要的经济指标。

>> 二、评定发情效果的指标

母牛进入初情期或分娩后一定时期是否及时发情配种以及配种后是否受胎，是影响其繁殖力的主要因素。因此，评定母牛发情与配种质量十分重要。用于评定奶牛发情效果的主要有如下指标。

1. 初配月龄　奶牛的性成熟期是指母牛生殖器官及生殖生理机能成熟的时期，一般为 8～12 月龄，平均为 10 月龄，表明此时母牛已具有繁殖能力。而育成母牛的初次配种应在体成熟初期，即 16～18 月龄，但要求体重达到成母牛体重的 70%，因过早配种会影响母牛的生长发育及头胎产奶量，过晚配种会影响母牛受胎率及终生产犊数量和终生产乳量，增加饲养成本。

2. 发情率　发情率为表现发情的母牛数量占应发情的适繁母牛数的百分率。主要用于评定某种繁殖技术或管理措施对诱导发情的效果以及牛群自然发情的机能（自然发情率）。

$$发情率（\%）=\frac{表现发情母牛数}{应发情的适繁母牛数}\times100\%$$

可按月份、季度或一次诱导发情措施处理后进行统计。它在一定程度上反映不同牛群内出现的发情母牛数量。也可间接反映不同牛群的饲养管理状况和繁殖障碍存在情况。

3. 产后初配时间 即产后至第一次配种的间隔天数，正常牛群在产后 50 d 内有第 1 次发情的母牛头数应占牛群总数的 80% 以上，表明各项管理水平良好。初配时间要掌握在分娩后 50～70 d。低产牛可适当提前，高产牛可适当推迟，但过早或过晚配种都可能影响受胎率。80%～90% 的奶牛在产犊后 60 d 开始持续发情。具有正常产犊间隔、无繁殖疾病的奶牛应在产后 50～55 d 配种，以提高繁殖效率。

>> 三、评定受胎效果的指标

受胎率指在本年度内配种后受胎母牛数占参加配种母牛数的百分率。由于每次配种时总有一些母牛不受胎，需要经过两个或以上发情周期（即情期）的配种才能受胎，所以，在受胎率统计中又分为情期受胎率、总受胎率和不返情率等。主要反映母牛的繁殖机能和配种质量，为淘汰母牛及评定繁殖技术提供依据。通常卵巢和生殖道机能正常并进行适时输精的母牛受胎率高。

$$受胎率（\%）=\frac{配种后受胎母牛数}{参加配种母牛数}\times100\%$$

1. 情期受胎率 指在一定时间内受胎母牛数占本情期内参加配种母牛总发情周期数的百分率，是以情期为单位统计的受胎率。反映母牛单次发情周期的配种质量。

$$情期受胎率（\%）=\frac{受胎母牛数}{配种情期数}\times100\%$$

生产中母牛的情期受胎率按年度统计，科研中也可以按特定的阶段进行统计，它能较快地反映出牛群的繁殖问题，同时反映出人工授精的技术水平，而精液质量、母牛屡配不孕等因素均可影响情期受胎率。

（1）第一情期受胎率 指第一次配种就受胎的母牛数占第一情期配种母牛总数的百分率。包括青年母牛第一次配种或经产母牛产后第一次配种后的受胎率。主要反映配种质量和牛群生殖能力。公牛精液质量好、产后母牛子宫复旧好、产后生殖道处理干净的，第一情期受胎率就高；而产后不注意生殖道处理、有慢性或隐性子宫内膜炎的母牛受胎率就低。一般情况下，第一情期受胎率要比情期受胎率高。

$$第一情期受胎率（\%）=\frac{第一情期受胎母牛数}{第一情期配种母牛总数}\times100\%$$

（2）第二情期受胎率 指第二情期受胎的母牛数占第二情期配种母牛总数的百分率。

$$第二情期受胎率（\%）=\frac{第二情期受胎母牛数}{第二情期配种母牛总数}\times100\%$$

2. 年受胎率 指本年度末受胎母牛数占本年度内参加配种母牛数的百分率，不包括配种未孕的空怀母牛。此指标反映牛群的受胎情况，可以用来衡量年度内的配种计划完成情况。配种后两个月以内出群的母牛，可不参加统计，两个月后出群的母牛一律参加统计。

$$年受胎率（\%）=\frac{年受胎母牛数}{年配种母牛数}\times100\%$$

3. 不返情率和返情率 指在一定时间内，配种后未出现发情的母牛数占本期内参加配种母牛数的百分率。不返情率又可分为30 d、60 d、90 d和120 d不返情率。不返情率一般高于同期的实际受胎率，但两者应该是比较接近的。30～60 d的不返情率一般比实际受胎率高7%左右。随着配种后时间的延长，不返情率逐渐接近于实际受胎率。返情率则与不返情率相反，是指配种后一定时期内出现发情的母牛数占参加配种母牛数的百分比。不返情率与返情率之和等于1。

$$不返情率（\%）=\frac{配种后未出现发情母牛数}{参加配种母牛数}\times100\%$$

$$返情率（\%）=\frac{配种后出现发情母牛数}{参加配种母牛数}\times100\%$$

>> 四、评定配种效果的指标

1. 参配率 亦称配种率，一般是指在一定时期内，参加配种（接受输精）的母牛数占适繁母牛数的百分率。主要反映牛群发情情况和配种管理水平。如果牛群不孕症患病率高，即发情率低，或发情后没有及时配种，则参配率低。如果所有发情母牛均已配种，则发情率与受配率一致。

$$参配率（\%）=\frac{参加配种母牛数}{适繁母牛数}\times100\%$$

2. 21 d 受胎率 指 21 d 内配种后受胎的母牛数占同期应参配母牛数的百分率，是同时衡量参配和受胎效果的指标，相对于情期受胎率更能衡量奶牛场的繁殖水平。

$$21\ d\ 受胎率（\%）=\frac{21\ d\ 内配种后受胎母牛数}{同时期应参配的母牛数}\times100\%$$

3. 配种指数 平均每次受胎所需的配种情期数或次数配种指数是指母牛每次最终受胎的配种情期数或输精次数（同一个情期复配按一次计）。这是衡量奶牛配种员技术水平的重要检测指标。要求每头母牛平均配种次数为 1.6～1.8 次，即年情期受胎率不低于55％，否则要及时查明原因，采取综合管理措施。配种指数可根据受胎率进行换算（为情期受胎率的倒数值），是反映配种受胎的另一种表达方式，即情期受胎率愈低，配种指数愈高。这项指标在牛群饲养管理条件基本一致情况下，可反映出不同的配种技术水平。

$$配种指数（\%）=\frac{配种情期数}{受胎母牛数}\times100\%$$

>> 五、评定牛群增长情况的指标

评定奶牛群增长的指标主要从母牛繁殖角度反映奶牛场的生产状况以及牛群增长情况，主要指标如下。

1. 繁殖率 是指本年度内实际繁殖母犊数占本年度应繁母牛数的百分率，是生产力的指标之一，可用来衡量牛场生产技术管理水平，主要反映牛群增殖效率，一般在年初统计，因此也称为年繁殖率。此项指标与发情、配种、受胎、妊娠、分娩等生殖活动的机能以及饲养管理水平有关。单胎动物，如母牛的繁殖率一般低于100%，而多胎动物一般高于100%。

$$繁殖率（\%）=\frac{年实繁母犊头数}{年应繁母牛头数}\times100\%$$

2. 繁殖成活率 是指本年度成活犊牛数（不包括死产及出生后死亡的犊牛）占上年度末存栏适繁母牛数的百分率。常用于衡量牛场的饲养管理状况，也是我国畜牧主管部门常收集和统计的一项指标。该指标可反映发情、配种、受胎、妊娠、分娩、哺乳等生殖活动的机能及管理水平，是衡量繁殖效率最实际的指标。有时也把该指标叫作牛群的繁殖效率。

$$繁殖成活率（\%）=\frac{年成活犊牛数}{上年末适繁母牛数}\times100\%$$

3. 犊牛成活率 一般指哺乳期的成活率，即出生后3个月时断奶成活的犊牛数占出生时产活犊牛数的百分率。由此指标可以看出犊牛培育的水平。主要反映母牛的泌乳力和护犊性及饲养管理水平。也可指一定时期的成活率，如年成活率为当年年末存活犊牛数占该年度内出生犊牛数之百分比。

$$犊牛成活率（\%）=\frac{出生后3个月犊牛成活数}{出生时所产活犊牛数}\times100\%$$

4. 增殖率 指本年度内出生犊牛在年末的实有数占本年度初（或上年度末）牛群总头数的百分率。主要反映牛群在一个年度内犊牛增殖的状况。

$$增殖率（\%）=\frac{年度内出生犊牛年末实有数}{上年末牛群总头数}\times100\%$$

>> 六、评定牛群繁殖力的其他指标

1. 产犊间隔 是指母牛相邻两次产犊间隔的天数，又称胎间距、产犊指数。主要反映不同牛群的增殖效率，是衡量牛群管理水平的最重要指标，同时在一定程度上也反映了公、母牛在受精方面的繁殖力。平均产犊间隔表示繁殖母牛的连产性。除头胎牛外，凡在年内繁殖的母牛，均应进行统计。由于妊娠期是一定的，因此，提高母牛产后发情率和配种受胎率，是缩短产犊间隔、提高牛群繁殖力的重要措施。产犊间隔与牛乳产量和生产效益是高度相关的。产犊间隔越短，奶牛一生所产的牛乳和所产的牛犊也就越多，且奶牛场对于治疗、育种和繁殖方面的投入也就越少。一般来说，初产母牛 13 个月和经产母牛 12 个月的产犊间隔对增加产乳量和提高经济效益是最合适的。但对于高产奶牛群可适当延长至 13～14 个月比较经济合算，为了总结繁殖管理水平，奶牛场每年根据繁殖年度（上年的 10 月 1 日至本年的 9 月 30 日）计算牛群平均年产犊间隔。

$$平均年产犊间隔=\frac{年度内经产母牛的产犊间隔总天数}{年度内产犊的经产母牛头数}$$

2. 繁殖效率指数 通常指断奶时活犊数占参加配种的母牛与从配种至犊牛断奶期间死亡的母牛数之和的百分比。该指标主要反映哺乳期的母牛成活情况，在母牛死亡数为零的情况下，该指标实际为产活犊率。母牛死亡率愈高，繁殖效率指数值愈低。

$$繁殖效率指数（\%）=\frac{断奶时活犊数}{配种母牛数+配种至犊牛断奶期间死亡的母牛数}\times100\%$$

3. 产犊率 指本年度出生犊牛总数（包括早产的和死产的犊牛数）占参加配种母牛数的百分率。产犊率是衡量奶牛繁殖性能的综合指标。与受胎率的区别，主要表现在产犊率以出生的犊牛数为计算依据，而受胎率以配种后受胎的母牛数为计算依据。如果妊娠

期胚胎死亡率为零，则产犊率与受胎率的值相当，否则，产犊率低于受胎率。

$$产犊率（\%）=\frac{本年度出生犊牛总数}{本年度参加配种母牛数}\times100\%$$

4. 产活犊率 指本年度出生活犊牛总数（包括早产的活犊牛数）占参加配种母牛数的百分率。与产犊率的区别在于，所产犊牛必须在产后 1 d 内成活才能计入。主要反映受胎、胚胎发育和分娩情况。

$$产活犊率（\%）=\frac{本年度出生活犊牛总数}{本年度参加配种母牛数}\times100\%$$

5. 流产率 是指流产的母牛头数占受胎母牛头数的百分率，母牛在统计流产率时应计妊娠未满 7 个月龄的死胎，凡满 7 个月龄而未足月分娩的称早产。

$$流产率（\%）=\frac{流产母牛头数}{受胎母牛头数}\times100\%$$

6. 初产月龄（首次泌乳的平均月龄） 初产日龄指初生日（不含）到初产日的间隔天数。初产月龄＝初产日龄/30。育成牛应于 24～26 月龄产犊。

7. 空怀天数 空怀天数指奶牛从产犊至下次妊娠之间的间隔天数。为获得最适宜的产犊间隔时间，奶牛应在产后 85～100 d 妊娠。

8. 干乳天数 牛场所有母牛的理想干乳天数为 45～60 d。因母牛的乳腺需要 45～60 d 的恢复再生期。干乳期短会造成下次产乳量下降，过长则会造成经济损失。

9. 发情间隔 通常母牛的发情周期为 21 d。如果母牛发情未配种或未受胎，它通常约在 21 d 后再次发情。如果多次出现低于 18 d 的发情间隔，说明发情鉴定有误。发情间隔超出 24 d，常表明奶牛失去了发情配种的机会。

10. 繁殖年限 是指公牛和母牛保持正常繁殖力的年限，这对奶牛具有极其重要的意义。目前许多奶牛在死淘前不能达到平均 5 次产犊和泌乳的水平。而根据统计，泌乳牛一般在第 4、5 胎次时泌乳达到高峰水平，乃至第 7、8 胎次仍然能保持较好的泌乳水平。奶牛的胎次越高，其繁殖利用年限越长，意味着经济效益越高。无论从理论还是实际效益上分析，长寿、高产的奶牛经济效益都是很高的。

>> 七、奶牛繁殖力现状

奶牛在饲养管理、自然环境条件、生殖机能正常的情况下所表现出的繁殖水平或能力称为自然繁殖力或生理繁殖力，也称为正常繁殖力。奶牛的正常繁殖力是指在正常的饲养管理条件下，所获得最经济的繁殖力，它反映在受胎率、繁殖成活率等方面。生产实践表明，奶牛在正常饲养管理条件下，满足其维持正常繁殖机能的生理需要，就可以使个体得到令人满意的繁殖力，但对于奶牛群而言，却很难达到全配种、全妊娠、全产犊的理想繁殖效果。这是由于奶牛繁殖力受到各种因素的影响，可使部分奶牛个体的生理机能发生某些变异，这些变异往往会暂时地或长期地影响群体的繁殖力。

自然繁殖力也可认为是繁殖极限或理想型繁殖力，即奶牛在生理和饲养管理均很正常情况下的最高繁殖力。运用现代繁殖新技术所提高的动物繁殖力，称为繁殖潜能。例如，应用人工授精技术提高种公牛的繁殖力，利用胚胎移植、胚胎分割、卵母细胞体外培养等技术可使母牛的繁殖效率提高甚至提高成千上万倍。

1. 奶牛正常繁殖力 奶牛的繁殖力，一般常用情期受胎率、总受胎率和产犊指数等指标表示受胎效果。在妊娠过程中，可能因胚胎早期死亡或流产等原因降低了最终受胎率。据大量数据的统计结果表明，奶牛受配率为95%，情期受胎率为60%，母牛配种后，一般在30 d的不再发情率可达75%以上，但最终产犊者不超过64%，一般为50%～60%。年繁殖率在80%以上，空怀天数为50～75 d，产后第一次输精的天数为40～50 d。育成牛开始配种月龄为14～16月龄，产犊月龄为23～25月龄。

母牛的情期受胎率，可达60%～70%。但每头受胎母牛所用配种情期数越多，则实际受胎率越低。因此，在生产中配种情期数越多的牛，因生育力低下被淘汰的概率也越大。

就奶牛全年总受胎率而言，一般都能达到 90% 以上。

奶牛的繁殖力，也常用"产犊指数"来表示。在正常情况下，每头繁殖母牛每年应产 1 头犊牛，为此，一般将奶牛的标准产犊指数定为 365 d。但群体母牛平均产犊指数往往要超过此值。

2. 奶牛繁殖力现状 目前，奶牛的繁殖力，常用一次授精后的受胎效果来表示。一般成年母牛的情期受胎率为 40%～60%；年总受胎率为 75%～95%；年繁殖率为 70%～90%；第一情期受胎率为 55%～70%；产犊间隔 14～15 个月，流产率为 3%～7%；双胎率为 3%～4%。由于品种、环境气候和饲养管理水平等条件在全国各地有差异，所以奶牛群的繁殖力水平也有差异。在美国的奶牛生产中，繁殖力较高的母牛产犊间隔只有 365 d，从配种至分娩的间隔时间平均只有 300 d，总受胎率为 90%～95%，产犊率可达 85%～90%，犊牛断奶成活率可达 83%～88%。

第二节　影响奶牛繁殖力的因素

>> 一、遗传

繁殖力表现为连续的变异，被看作是一种数量性状。遗传因素是影响奶牛繁殖力的决定性因素，由不同种、品种及个体的繁殖力差别可明显反映出来。母畜排卵数的差别，首先决定于种和品种的遗传特性，其次是近交程度（纯种或杂种）和配种年龄。例如在一个发情周期内，母牛只排出一个卵，极少数可排两个卵或更多；繁殖力高也是选种的重要要求，繁殖力的遗传性可由品种间的杂交结果证明，亲本繁殖力的高低能影响其后代，近交明显引起繁殖性能的下降，而杂交能提高其繁殖性能。

遗传因素对单胎动物的繁殖力的影响也比较明显，生产实践表明，动物的产仔数量也具有遗传性，奶牛产双犊即有遗传性，也就是说双胎具有遗传性。据有关母牛的调查分析表明，牛群中，一定比例的母牛出现一到多次的产双犊记录，而这些双犊母牛所生子代母牛的双犊率和所生子代公牛产下的母牛的双犊率也较高。奶牛业中不提倡选留双胎个体，因为异性孪生时常出现母犊不育。由此说明繁殖力的高低能遗传给后代。此外，一般杂种牛的繁殖力比纯种牛高，远交系牛的繁殖力比近交系牛（指近交系数达到 0.375 以上亲缘群体的家畜）要高。由此可见奶牛个体间的亲缘血统关系，也是影响繁殖力的重要内在因素。

公牛的精液质量和受精能力与其遗传性也有密切关系。精液品质和受精能力是影响受精卵数目的决定性因素，精液品质差、受精能力弱的公牛，即使与产生最大数目正常卵子的母牛配种，也会使母牛所排出的卵子受精可能性降低，甚至不受精，从而降低了母牛的繁殖力。精液品质差与受精能力弱的公牛其后代也可能具有繁殖力低的遗传特性。研究表明，对乳用公牛其精子密度的遗传力为 0.28，精子活率的遗传力为 0.23。近交对公牛繁殖力有不良影响，而杂交则能增强公牛繁殖力。

母牛繁殖性状的遗传力较低，且产乳量与繁殖力呈负相关。研究表明，空怀期、配种次数和母牛存活时间的遗传力分别为 0.04、0.03 和 0.02，表明奶牛繁殖性状的遗传力低。高产乳量奶牛的繁殖力降低，主要表现在发情时间间隔延长、受胎率降低。此外，据观察患卵巢囊肿的母牛所生的后代母牛，其卵巢囊肿发病率比正常母牛的后代高，说明卵巢囊肿具有遗传性，最常见于 2~5 胎奶牛。异性双胎中的母犊，有 91%~94% 不能生育，这是由于其卵巢在不同程度上发生雄性性腺变化的缘故。近交繁殖也可以增加奶牛胚胎死亡和染色体畸形的发生率。

>> 二、营养

合理的饲养管理，尤其是合理的日粮营养水平能提高奶牛的繁殖力。饲养管理对奶牛之所以重要，在于给奶牛生殖机能的正常发育和维持提供了物质基础和环境条件。结合合理的配种制度，能确保公、母牛的正常受精和胚胎顺利发育，提高后代的成活率。因此，营养对母牛的发情、配种、受胎以及犊牛成活起决定性作用，其中以能量和蛋白质对繁殖影响最大。矿物质和维生素同样对繁殖起重要作用，不可忽视。

营养是保证奶牛繁殖力的主要外来因素，其中尤其以饲料营养最为重要。奶牛得到必要的营养，不仅可使其生殖系统发育良好，更能发挥其种牛的繁殖潜能。日粮中适当的营养水平对维持奶牛内分泌系统的正常机能是必要的。营养水平不足会阻碍未成熟动物的生殖器官的发育，使初情期和性成熟延迟，使成年公畜性欲减退，例如：成年公牛长期进行低营养水平饲养后，精液品质不良，精囊腺分泌机能减弱，精液中果糖和柠檬酸含量减少，引起生精机能下降。营养水平不足，能影响成年母牛的正常发情，造成安静发情和不发情的比例增加，可影响受精、妊娠过程和母牛机体内部生殖器官的生理状态，使排卵率和受胎率降低，可造成胚胎早期死亡、死胎或初生重小、死亡率高。但营养水平过高，特别是能量水平过高，会使成年奶牛过肥、性欲减退。总之营养水平不合适会影响奶牛的生殖机能。对于奶牛还应特别重视在产前给予足够的营养，才能使其在产后合适的时间恢复繁殖机能。

1. 能量 能量水平长期不足，不但影响后备母牛的正常生长发育，还可以推迟性成熟和适配年龄，这样就缩短了后备母牛的有效繁殖时间。成年母牛如果长期能量过低，会导致干乳期体况不良而使产后乏情期延长；泌乳早期能量负平衡可使母牛繁殖力降低，严重时会导致发情表现不明显、有发情周期但不表现发情、只排卵而不发情等，甚至出现发情周期停止。对于妊娠母牛，能量水平不足会造成流产、死胎、分娩无力或产出弱犊，因而致使母牛的平均产犊间隔拖长、繁殖力降低。

能量水平过高会使奶牛变肥，使生殖道周围脂肪沉积过多，尤其是卵巢周围脂肪浸润，阻碍卵泡发育，甚至压迫输卵管，导致输卵管进口被脂肪阻塞，从而影响受精，降低牛奶受胎率。母牛的受胎率常有随年龄的增长而降低的趋势，这在营养水平过高的奶牛群中最为明显。此外，奶牛分娩前后的能量水平对其繁殖力影响较大：产犊前的能量水平与产后的发情排卵和第一情期受胎率有密切的关系；产犊后的能量水平对产后发情出现的时间和受胎率也有一定的关系。公牛能量水平过高，会导致体况过肥、阴囊脂肪过厚，会破坏睾丸的温度调节机能，致使在温度较高的配种季节影响公牛生精机能，使畸形精子增加，精液品质水平降低，同时性欲减退，导致采精或交配困难。

2. 蛋白质 蛋白质是奶牛体细胞（包括生殖细胞）和组织中的重要组成部分，又是构成酶、激素、黏液、抗体的重要成分。日粮中应有一定的蛋白质含量，以维持奶牛的性机能，尤其是以类固醇为主的各种主要激素，多由氨基酸组成，均来源于蛋白质饲料。蛋白质缺乏，不但影响母牛的发情、受胎和妊娠，也会使母牛体重下降、食欲减退，以至食入能量不足，同时还会使粗纤维的消化率下降，直接或间接影响奶牛的健康与繁殖。因此，蛋白质是奶牛繁殖所必须的营养物质。

蛋白质不足造成机体过度消瘦，可降低 FSH 与 LH 的分泌量，其生殖机能就会受到抑制，能使生殖器官的发育受阻和机能发生紊乱，常不表现发情，出现繁殖障碍。对于后备母牛可导致发情推迟、卵巢和子宫发育不全；导致成年母牛发情失常或不发情、卵巢静止、卵泡闭锁和排卵延迟，排卵率和受胎率降低，影响受胎和妊娠，即使受胎，也会引起胎儿的早期死亡、流产和围产期死亡。这与蛋白质不足可降低 FSH、LH 的分泌量有关。种公牛对缺乏蛋白质非常敏感，应特别注意补充蛋白质饲料。对青年公牛而言，蛋白质不足会影响睾丸和其他生殖器官的生长发育，延迟性成熟并影响睾丸的生精机能，对处于初情期前后的公牛影响尤为明显。成年种公牛蛋白质不足，会使精子密度与精液量减少、精子活力降低、精液品质下降。

但饲粮中蛋白质含量过高或饲喂过度，可使公、母牛脂肪沉积过多，导致体况过肥，使母牛卵巢、输卵管及子宫等脂肪过厚，不利于卵泡的发育、排卵和受精，不利于受精卵的运行，有碍于妊娠。公牛过肥，会影响其运动、性欲和配种负荷，破坏睾丸的温度调节机能，使精液品质下降。近几年的研究表明，日粮中蛋白质水平过高会降低奶牛的繁殖机能，甚至引起不育。过高的日粮蛋白水平，特别是过高的瘤胃可消化蛋白水平对牛的繁殖性能有不利影响。这种影响可使奶牛体内氨、尿素等含氮代谢产物浓度升高，对精子或卵子、早期胚胎产生毒害作用有关，还可以影响体内其他代谢物的平衡，引起代谢障碍，影响精液成分甚至降低生殖机能。另一方面，蛋白质在奶牛消化道可分解成一些有生物活性的小肽，这些小肽可被直接吸收，并通过影响生殖内分泌系统而影响生殖机能。因此，饲粮中含有过多的蛋白质营养对奶牛繁殖并不必要，为了降低饲养费用，应有适当的限度。

3. 脂肪 脂肪是多种重要性腺激素的组成部分，精子和精清中均含有脂类。精子中含有的脂类大多以磷脂和脂蛋白的形式存在，磷脂是精细胞膜的重要成分，如果精细胞膜的成分发生变化将对精子的代谢和活力有影响。因此脂肪缺乏，会影响精子的生成。此外，脂溶性维生素需要脂肪作为溶剂，如果脂肪含量不足就会影响到脂溶性维生素的吸收和利用，而对奶牛繁殖产生不良的影响。因此，脂肪与奶牛的繁殖也有密切的关系。

4. 矿物质 矿物质对奶牛的健康、生长、繁殖都有重要作用，某些矿物质和微量元素的缺乏或过量都会影响奶牛的繁殖力。

矿物质中，磷对母牛的繁殖力影响最大，缺磷会推迟育成牛的性成熟，严重时，母牛的发情周期会停止、受胎率降低。钙对胎儿生长是不可缺少的，可防止成年母牛的骨质疏松症、胎衣不下和产后瘫痪。日粮中缺乏钙和磷，或两者比例不当，可导致公牛精液质量下降、精子活力降低，因而受精力差；母牛会发情周期不正常，不易受胎。即使受精，也会造成胎儿发育停滞、畸形、死胎、流产或产出的犊牛成活力低，严重影响繁殖力。尤其是钙、磷比例大于4：1时，母牛繁殖性能下降，发生阴道和子宫脱垂、子宫内膜炎、乳腺炎等疾病。实践证明，钙、磷比例以（1.5～2）：1为宜。钠、钾和镁缺乏时，能引起母牛不发情、受胎率低、流产等繁殖障碍。

此外，一些微量元素，如硒、钼、铜、镁、碘、钴、锰等，对奶牛的繁殖和健康都有一定的作用，是饲粮中不可缺少的营养。因牛对微量元素的需要量很少，因而在生产中往往会被忽视。若缺乏这些元素，影响母牛卵巢机能，有可能引起不发情、不排卵、屡配不孕和胎儿早期死亡；对公牛有可能造成性欲缺乏、精液品质下降，甚至精子发生停滞、输精管退化等。尤其是硒的缺乏，除了使牛群胎衣滞留发病率升高外，还会导致牛群患子宫内膜炎、卵巢囊肿、不发情及胚胎死亡率上升。钴是瘤胃内形成维生素 B_{12} 的要素，钴缺乏时，会抑制瘤胃微生物的活动，以致反刍类动物患维生素 B_{12} 缺乏症，并使公牛无繁殖力、母牛初情期推迟或卵巢无功能、产生流产、生弱犊、死胎、胎衣不下等。

矿物质缺乏或过量都可以影响奶牛的繁殖力，矿物质对繁殖力的影响见表 4-1。

表 4-1　矿物质与繁殖力的关系

矿物质异常	出现症状
钙缺乏	母牛子宫复旧推迟、黄体小、卵巢囊肿、胎衣不下
钙过量	繁殖力降低，公牛睾丸变性
碘缺乏	繁殖力降低，公牛睾丸变性，母牛初情期推迟、黄体小、不发情、弱胎或死胎、受胎率降低
碘过量	母牛流产、产肢体畸形犊牛
锰缺乏	母牛不发情、不孕、卵巢变小、流产、难产
钼过量	使牛初情期推迟、不发情
铜缺乏	不发情，繁殖力降低，公牛性欲下降、睾丸变性
钴缺乏	公、母牛无繁殖力、初情期推迟，母牛卵巢无功能、流产、生弱犊
硒缺乏	母牛胎衣不下、流产、产死犊或弱犊
锌缺乏	母牛卵巢囊肿、发情异常，公牛睾丸发育延迟、睾丸萎缩

资料来源：王锋，王元兴（2003）。

5. 维生素　维生素对奶牛的健康、生长、繁殖和泌乳都有重要的作用。对繁殖最为重要的是维生素 A、D、E。维生素 A、E 可改善精液品质，降低胚胎死亡率。脂溶性维生素对奶牛繁殖的影响主要与提供方式有关。通常，长期提供脂溶性维生素，可以提高奶牛繁殖力。在所有脂溶性维生素中，β-胡萝卜素和维生素 E 的作用较明显。维生素 E 不仅对母牛的妊娠安全十分重要，而且对公牛精液的品质和犊牛的发育也很重要，且与硒（Se）的缺乏密切相关。当日粮中维生素 E 和硒缺乏，能量和蛋白质又不足时，则母牛受胎率明显下降，公牛的精液品质也下降。

维生素 A 与母牛繁殖力也有密切的关系，摄入不足时容易造成母牛流产、产弱胎、死胎和胎衣不下。当日粮中含的维生素 A 不足或缺乏，对成年奶牛会引起发情周期不规律，也能引起卵细胞及卵泡上皮变性，而不表现发情和排卵，或子宫内膜的上皮细胞角质化，而影响胚胎的着床及正常妊娠。要保持种公牛的繁殖力，需有足够的胡萝卜素。胡萝卜素对奶牛的繁殖机能有特殊的作用。胡萝卜素缺乏易使公牛缺乏性欲、精液浓度降低、精子数异常和 pH 增高、精子活力降低。奶牛在配种前 3 个月应每天供给适量的胡萝卜素。奶牛在妊娠期最后两个月缺乏胡萝卜素，可引起产后胎衣不下、子宫复旧不良。

维生素 D 不足可影响奶牛对钙、磷的吸收而导致钙、磷的缺乏，从而引起母牛繁殖力下降、卵巢机能紊乱、发情周期不正常或不发情或发情而屡配不孕，还可能引起胎儿畸形、死胎、犊牛成活力低及公牛受精能力下降，严重时导致永久性不育。

6. 植物雌激素　植物中除含各种营养物质外，还含有家畜机体正常生理过程所必需的生物活性物质。雌二醇、雌酮和雌三醇是家畜体内的主要雌激素，而植物所含的植物雌激素是异黄酮、香豆素等。三叶草、苜蓿、蚕豆、豌豆、玉米植株、甘蓝等含有大量植物雌激素。植物雌激素可使垂体和卵巢之间的正常激素调节发生紊乱，或抑制垂体促性腺素的分泌。

曾有饲喂含异黄酮的青贮红三叶和含香豆素的苜蓿引起牛不育症的报道。植物雌激素诱发奶牛不育症的表现类似于雌激素的作用，出现乳腺发育、阴门肿胀、排出子宫颈黏液和卵巢肿大，有一些牛出现发情异常、卵巢囊肿、乏情、不能配种等症状。撤掉雌激素饲草后的几周或几个月，奶牛卵巢功能恢复，症状消失，结合对卵巢囊肿进行治疗，可加速卵巢功能的恢复。

>> 三、环境

环境因素从群体水平上对奶牛的生活生产起制约作用，奶牛的生活受各种环境因素的影响，环境因素会通过各种渠道单独或综合地影响奶牛的机体，改变奶牛与其环境之间的能量交换，从而影响奶牛的行为、生长、繁殖和生产性能。环境条件可改变动物的繁殖活动。在自然环境条件中，以气候对奶牛生活生产的影响程度最大。

气候因素，如季节、温度、湿度和日照等，这些因素不仅能左右奶牛发情周期，还能通过内分泌系统影响奶牛的繁殖。尤其在夏季，高温、高湿对奶牛造成的热应激，将导致奶牛不发情或发情表现不明显、受胎率直线下降、胚胎死亡或流产数量增加等。为了提高奶牛的繁殖力，应尽可能给奶牛提供适宜的饲养环境条件。但在良好的饲养管理条件下，环境因素对奶牛的影响在逐渐被削弱。

1. 季节 季节通过温度、光照来影响奶牛的繁殖力。奶牛繁殖效率的季节性变化大都由热应激或日照长短造成，在最热的季节给牛配种，其繁殖性能就会下降。牛的受胎率与温、湿指数呈显著的负相关。如果夏季采取降温措施（如凉棚），将显著提高母牛受胎率。母牛繁殖机能的季节性变化，也涉及其内分泌的季节性变化，在夏季高温季节奶牛发情率低，发情不明显，配种后受胎率低。断奶后牛的性活动同样受季节的影响。据测定，夏季发情周期前 18 d 奶牛血浆中孕酮的含量水平明显低于冬季，输卵管上皮细胞数亦明显低于秋季。公牛繁殖机能的季节性变化，表现在夏季性欲差、精子数有减少趋势等，主要与甲状腺分泌量明显减少有关；精液品质全面下降，与睾丸温度升高损害精子受精能力有关。导致配种后受胎力也明显比冬、春季下降。

2. 温度 环境温度对公、母牛的繁殖都有明显的影响，通常高温比低温对奶牛繁殖的危害大。

高温对动物的性活动有不良影响。高温对动物繁殖的影响机理尚不十分清楚，一般认为，动物在热应激下垂体前叶释放促肾上腺皮质激素的量增加，刺激肾上腺皮质分泌可的松等糖皮质激素。糖皮质激素有抑制 LH 分泌的作用，因此公、母牛性欲都会受到影响。

温度对种公牛的精液品质和繁殖力有很大的影响，当在炎热的夏季或持续高温高湿的环境下，自然气温升高的幅度往往会超过睾丸自身温度调节的范围，致使睾丸及附睾温度上升，难以维持正常生精机能，导致公牛精液品质下降，畸形精子率增加且性机能减退，若此时进行配种，也会降低母牛的受胎率。为此，有一些学者将这种现象称为"夏季不孕症"。气温变化对公牛精液生产主要有以下影响：①气温对精子活率、密度影响显著，对精液量影响不大；②夏季高温、高湿是造成精液品质下降的主要原因，外界温度越高、持续时间越长，对公牛精液品质影响越大；③高温对精液品质的影响会在高温时立即表现出来，并且在高温过后不能立即消除，需要有一段恢复时期，其恢复期长短与高温的程度高低及高温时间长短有关；④气温与精子活率呈负相关，温度越高精子活率越低。

母牛配种期间，最易受高温导致的热应激影响，授精时母牛的体温与受胎率呈负相关。这是因为热应激时，下丘脑-垂体-肾上腺轴活动被激活，血液中促肾上腺皮质激素显著增加，致使卵巢发生疾患，性机能减退，从而使母牛发情周期延长，发情持续期缩短。热应激对受胎率的影响也十分明显。牛胚胎在输卵管阶段最易受热应激影响，配种后 4～6 d 为临界期，胚胎在子宫附植后，则在整个妊娠期相当耐热。

在生产实践中证实，严寒对奶牛的影响相对较小，但严寒对初生的犊牛威胁较大，应予以重视。

3. 应激反应 环境应激和运输应激均会造成奶牛的不育。由于环境的突然改变，使奶牛处于应激状态。如长途运输过程中由于装卸、驱赶、挤压，牛群出现拒食、频频排粪尿、哼叫不安等表现，会造成公牛暂时性不育，妊娠母牛发生流产等。

>> 四、疾病

奶牛体质不良或有生殖器官疾病，如卵巢囊肿、肢蹄病、乳腺炎、真胃移位、乳热症以及跛行（包括蹄叶炎、腐蹄病和趾间纤维乳头瘤等引起的跛行）等疾病均影响奶牛繁殖力。此外，配种、接生、手术助产时消毒不严，产后护理不当，流产、难产、胎衣不下以及子宫脱出等引起子宫、阴道感染或输卵管疾病，以及传染病和寄生虫病等都会造成奶牛繁殖力下降或不育。尤其是患乳腺炎的良种奶牛，如果在配种后 3 周内发生，受胎率会下降 50% 以上，产犊间隔延长，每次受胎所需平均输精次数增加，因此，疾病会严重影响奶牛群的繁殖力。

1. 生殖疾病 在做繁殖检查、某些疾病的手术、难产的助产、胎衣不下、子宫脱落的治疗以及人工授精时，由于不规范的操作使病原微生物和非病原微生物侵入奶牛生殖道或通过血液、淋巴进入子宫，可导致卵巢炎、输卵管炎、子宫弛缓、子宫颈炎、阴道炎等生殖疾病的发生。生殖疾病会严重影响奶牛繁殖力。

2. 其他疾病 消化、呼吸、循环、视觉系统疾病等均能影响奶牛的繁殖力。奶牛蹄病、乳腺炎、真胃移位、产后瘫痪和胎盘滞留等疾病都对奶牛妊娠有影响，患乳腺炎也会使母牛受胎率明显下降。

此外，对患传染性疾病的病牛，应严格执行传染病的防疫和检疫规定，按规定及时处理。对疑似因传染病引起的难孕牛或流产牛，应尽快查明原因，采取相应措施，以控制传染病的蔓延，对于子宫或卵巢炎症等一类非传染性疾病，应根据发病的原因，从管理、激素治疗等方面着手，做好综合防治工作。疾病与奶牛繁殖力的关系见表 4 - 2。

表 4 - 2 疾病对奶牛繁殖性能的影响

项目	平均产犊间隔（d）	产后配种时间（d）	每次受胎平均输精次数（次）
正常	395	86	1.8
子宫炎	433	99	2.3
卵巢囊肿	447	107	2.1
胎衣滞留	419	92	2.0
返情	480	141	2.2
流产	402	80	2.4

资料来源：王加启（2011）。

>> 五、产乳量

奶牛产乳量与繁殖力呈负相关，高产奶牛的繁殖力降低，主要表现在产后发情间隔延长，受胎率降低。此外，奶牛产后出现发情的时间与产乳量密切相关，奶牛的产乳量影响母牛产后的发情及配种的受胎率。分娩后产乳量高的，产后发情时间延迟，受胎率下降。泌乳量与奶牛繁殖性能的关系见表 4 - 3。

表 4 - 3 泌乳量与奶牛繁殖性能的关系

泌乳量分组	头数（头）	平均产乳量（kg）	产后至受胎平均天数（d）	平均受精次数（次）	情期受胎率（%）	年度受胎率（%）	一次受胎率	
							头数（头）	%
5 000 kg 以下	38	4 495±420	111±69	2.16	46.35	92.96	14	36.84
5 000~5 499 kg	60	5 264±150	118±69	2.38	41.96	91.25	21	35.00
5 550~5 999 kg	66	57 170±138	128±87	2.47	40.49	89.02	30	45.45
6 000~6 499 kg	63	6 263±146	125±80	2.21	45.32	89.68	33	52.38
6 500~6 999 kg	49	6 752±151	130±79	2.37	42.24	88.58	22	44.89
7 000~7 499 kg	37	17 227±151	118±68	2.16	46.25	91.25	20	54.05
7 500~7 999 kg	28	17 725±147	149±68	2.46	42.57	84.68	9	32.14
8 000~8 499 kg	12	8 248±133	156±11	3.00	35.33	83.33	5	41.06
8 500~8 999 kg	10	8 701±146	174±181	3.10	32.25	80.04	6	60.00
9 000 kg 以上	13	91 756±952	165±102	3.92	25.49	81.65	4	30.76
合计/平均	376	6 355	128	2.42	41.32	89.02	164	43.62

资料来源：王锋，王元兴（2003）。

从表 4－3 可以看出，泌乳量在 7 500 kg 以上，产乳量越高的奶牛，情期受胎率就越低。这是因为高产奶牛产后 2 个月左右代谢处于严重的负平衡状态，膘情差、卵巢机能恢复不全、发情不明显或不发情，降低了繁殖力。

>> 六、管理

管理好牛群，尤其是抓好基础母牛群，也是提高繁殖力的重要措施。管理工作牵涉面很广，主要包括组织合理的牛群结构、生产利用、保胎、母牛发情规律和繁殖情况调查、空怀及流产母牛的检查和治疗、制定科学的配种计划和精液供应、培育犊牛等工作。合理的牛群结构是获得良好繁殖力的基础之一。奶牛场中基础母牛一般占 50％～70％。配种前应对母牛群的发情规律及繁殖情况进行调查，掌握牛群中能繁殖、已妊娠及空怀、流产的头数及比例。对于配种后的母牛还应检查受胎情况以便及时补配和做好保胎及加强饲养管理等工作。总之，做好各个环节的工作才能提高奶牛的繁殖力，取得良好的繁殖成绩。对于奶牛的管理工作，若能适当提高产前（分娩前 8 周）和配种前的饲养水平，及早进行妊娠鉴定、分群管理、采用同期发情等技术措施，可进一步发挥母牛群的繁殖潜力。

成母牛的饲养方式与繁殖力有关。有研究表明，若奶牛产后 2 周开始，让犊牛吮乳 3 周，然后，将犊牛与母牛分开，可使 305 d 的产乳量增加、产犊至配种间隔缩短、配种指数减少、产犊间隔缩短。

由于管理不当，使母牛过早参加配种、运动不足、过度追求其产乳量、牛舍卫生不佳、夏季过热或冬季过冷，尤其保胎防流措施不利等，均可导致母牛繁殖机能紊乱，严重时会造成母牛不育。对于公牛管理不善，如缺乏运动、公牛之间互相顶撞踢咬而损伤睾丸和肢蹄、采精过频及性欲低下等，会引起正常交配行为的障碍，精液品质下降甚至失去繁殖能力，由于精液品质不良，还会影响母牛受胎率。在人工授精过程中，也应做好各项工作。对公牛，不适当的假阴道、台畜、采精方法、采精场地等都会引起种公牛的不良反应，过度的连续采精、强迫射精或惊吓等，均会引起公牛性欲减退和精液品质不良，降低公牛的繁殖力并缩短种公牛的使用年限。

对母牛而言，都有一个配种效果最好的阶段。配种是否适时，直接影响到母牛的受胎率。同时，人工授精的技术水平对母牛的受胎率等繁殖力指标也有很大的影响。人工授精时精液处理不当使精子受到损害，或输精操作不当，都可引起奶牛繁殖力的降低。

此外，对奶牛不正确的挤奶，能使性机能紊乱或受抑制。导致发情不正常、着床受胎困难，降低受胎率。

饲养管理对奶牛之所以重要，在于给奶牛生殖机能的正常发育和维持提供了物质基础和环境条件。结合合理的配种制度，能确保公、母牛的正常受精和胚胎顺利发育，提高犊牛的成活率。

>> 七、精液品质

精液的品质是衡量种公牛本身生殖机能的主要依据，是保证奶牛繁殖力的主要条件。因此种公牛要有健壮的体质、充沛的精力和旺盛的性欲，才能保证产生品质良好的精液并具有较高的繁殖能力。除了公牛精液的品质，精液的保存、取用及解冻过程的科学性都会直接或间接影响奶牛繁殖力。其中，检查精液品质最常用的方法是检查精子活力。在检查精子活力时，要使用加热的显微镜平台，高密度和高活力的精液样品在显微镜下呈云雾状。在对精子进行稀释检查时，应注意稀释液的温度要与原精液相同，否则可能影响精子正常的活力。有效精子是视野中呈直线前进运动的精子，做旋转运动、向后运动或摇摆运动的精子不计为有效精子，这是因为非前进运动的精子一般不具备与卵子结合并受精的能力。刚采出的牛精子的正常活力应不低于0.7，即70%的精子为呈直线前进运动的精子。一般每次输入有效精子数不少于2 000万个即可。

所以，输入优良品质的精液，使有足够数量的有效精子移行至受精部位与刚排出的卵子结合，完成受精过程，才有利于提高奶牛的受精率和受胎率。

>> 八、配种时间和输精技术

控制奶牛繁殖活动的关键，在于掌握好母牛的适时配种时间，使活力强的两性细胞（精子、卵子）在受精部位结合，形成受精卵。继而再进一步正常发育为胚胎及成熟的胎儿，娩出体外。这是奶牛繁殖的基础。

在生产实践中，应对母牛认真进行发情鉴定，掌握其排卵时间，再进行适时配种。若精子和卵子均正常，则影响繁殖力的因素可能是配种时间是否适时，排卵后能否有足够的精子到达受精部位与卵子相遇等。卵子排出后若不能与精子及时相遇完成受精过程，则随时间的延长其受精能力会逐渐减弱进而失去受精能力。相反，如果精子过早到达受精部位而卵子排出过迟，精子受精能力也减弱，从而影响精子和卵子的结合。奶牛在发情期内，有一个配种效果最佳时机，那就是在排卵前 12～15 h，此时输精最为适宜。

此外，输精员的操作技术是否过硬、能否适时将精液输入子宫颈深部、各个环节是否严格按规程操作、早期妊娠诊断是否准确等都会影响奶牛群受胎率的高低。据资料统计，在外界环境基本相同的情况下，人工授精技术水平、繁殖管理能力对繁殖力的影响很大。也可反映人工授精员对发情鉴定、适时配种、产后的繁殖管理及子宫疾病处理等一系列技术的操作水平。为此要求繁殖技术人员，必须熟练掌握发情鉴定技术和人工授精技术及其理论知识，并进一步掌握现代繁殖技术。

有些运用繁殖技术不良和责任心不强的繁殖技术人员，在对奶牛进行阴道检查和人工授精时，不遵守操作规程或消毒不严格，一方面可对奶牛生殖道造成感染或创伤，另一方面可使奶牛生殖道疾病通过人为因素再度传播。特别是在奶牛流产、分娩时，病原微生物可随胎儿、胎衣、胎液及阴道分泌物排出体外，造成散播，对整个奶牛群体繁殖力造成严重影响。另外，在生产中不能及时发现母牛发情或发情鉴定失误，可造成配种不及时甚至漏配。人工授精操作不遵守规程、精液保存或处理不当以及输精技术不熟练等，均会影响精子和卵子的正常存活而导致衰老，减弱或失去其受精能力，降低受胎率。即使衰老的卵子能与精子发生受精，也往往会影响早期胚胎的生活力或异常受精现象增多，这些问题，均属影响奶牛繁殖力的人为因素。

>> 九、生理

1. 年龄 公牛精液的质量、数量和交配母牛的受胎率受年龄的影响，青年公牛随着年龄增长其精液质量逐渐提高，到了一定年龄后精液质量又逐渐下降。3～4岁时种公牛的精液受胎率最高，5～6岁时繁殖机能开始下降，以后每年下降1%。生产实践中，一般公牛可使用到7～10岁，随着种公牛年龄的进一步增大，公牛出现性欲减退、精液量和精子减少、精子活力差、睾丸变性、钙质沉淀和睾丸间质纤维化等，精液质量会明显下降，使繁殖力降低。有些公牛出现脊椎和四肢方面疾病，以致爬跨交配困难而无法采精。

母牛的繁殖力也随年龄而变化。母牛自初配适龄起，随分娩次数或年龄增加其繁殖力逐渐提高。母牛在4～6岁时繁殖力最高，以后随着年龄增长，繁殖力减退、难妊娠的程度越来越大，发情异常、发情不明显、排卵迟缓、屡配不孕、奶牛发生难产、胎衣不下和子宫疾病等发病率增高。故可根据奶牛群的发展情况，逐渐用育成牛更新老龄牛。另外，如果初配年龄过早，奶牛尚未发育成熟，则受胎率较低，且分娩时易发生骨盆狭窄。奶牛初情期为6～12月龄，性成熟期为8～14月龄，初次配种时间为15～18月龄，体重达到成年奶牛的70%左右为宜。

2. 繁殖年限 奶牛的繁殖能力可维持至15～22岁，年龄越大繁殖力和生产力越低。一般奶牛利用5～8胎的繁殖力和产乳性能后便可淘汰。

奶牛繁殖力，除受上述因素影响之外，还有些因素如奶牛个体间的差别、年龄的大小、品种、胎次的多少等不同，也有一定的影响。我们了解影响奶牛繁殖力的各种因素，主要在于能采取有效措施，克服不利因素影响，开发有利因素的作用及潜力，从而提高奶牛繁殖力。

第三节　提高奶牛繁殖力的意义及措施 ◀◀

>> 一、提高繁殖力的意义

繁殖技术及管理是奶牛业生产的重要环节。繁殖工作不仅影响奶牛群的增殖及繁殖力，还影响奶牛群的生产力、利用价值及经济效益。因此，采用新的繁殖技术对提高奶牛的繁殖性能具有重要的现实意义。

1. 提高奶牛繁殖力是提高产乳量的主要措施　奶牛繁殖性能的提高可极大地增加奶牛的产乳量。在奶牛业中，利用胚胎移植技术缩短母牛的产犊间隔，不仅可多产牛犊，还可使奶牛多次出现泌乳高峰，使其终生产乳量大大提高。通过该技术，将高产奶牛受精卵广泛地移植到本地黄牛的子宫内使其继续发育生长，可使高产奶牛的繁殖力提高，并增加高产奶牛的数量和产乳量。

2. 提高奶牛繁殖力是奶牛业产业化的发展需要　现代奶牛业的发展方向是产业化生产，其要求建立良种繁育体系、防疫保健体系、产品加工体系、市场流通体系及科技服务和饲料体系等，其中科技服务体系的重点之一是推广奶牛的繁育技术，提高奶牛的繁殖效率。在奶牛中，施行同期发情、同期排卵等技术，则可使奶牛群的妊娠和分娩时间相对集中，产下的后代年龄也较整齐，犊牛的培育、断奶等阶段可以做到同期化，便于实现奶牛的成批生产，实现奶牛业的集约化、产业化生产。

3. 提高奶牛繁殖力是加速奶牛群改良的重要途径 超数排卵和胚胎移植技术是提高奶牛繁殖力的主要手段，将二者相结合可形成新的育种体系，即"MOET"育种方案。这项技术对奶牛的育种工作，特别是对种公牛的选择工作提出了新的途径。该技术不但可在短期内获得许多同胞和半同胞的后代，还可以根据姐妹的生产性能来评定公牛，以代替传统的后裔测定方法。据资料统计，采用该法选择公牛可比常规后裔测定方法缩短 2.8 年的时间。因此采用"MOET"育种方案，可缩短奶牛的世代间隔，加快奶牛的遗传进展；另一方面，在同一个核心牛群中进行生产性能测定，保证了数据的准确性，并可统计更多性状的资料；同时，在一个核心群中饲养的奶牛只可以保证标准化的饲养，消除不同环境因素带来的影响。对母牛而言，胚胎移植和超数排卵技术的应用，能够充分发挥优良母牛的繁殖潜力，对迅速扩大良种牛群、加快奶牛业的良种化进程有着积极的作用。此外，奶牛无性繁殖技术的应用，可以复制大量基因相同的高产奶牛，它既可为奶牛的育种提供珍贵的遗传材料，也可加速奶牛的遗传改良进展。

>> 二、繁殖管理

奶牛繁殖管理是生产的关键环节，奶牛只有经发情、配种、妊娠、产犊后才能产乳。加强奶牛的繁殖管理对提高产乳量和经济效益意义重大，而对奶牛进行有效的繁殖管理是提高牛群繁殖力和奶牛场繁殖管理水平的基础。

1. 合理利用种牛 种牛包括种用公牛和种用母牛。种牛的合理利用，主要是延长使用年限的重要措施。

（1）掌握好配种年龄 种公牛不要过早利用，开始采精的年龄依品种、生长发育特点等各地有所不同，一般在 18 月龄开始。近年来由于要尽早地通过后裔鉴定测定种公牛的利用价值，一般在12～14 月龄开始采精，但要限制使用。母牛初配的时间，常以体重为依据，一般要求达到成年牛体重的 70% 左右，同时要结合考虑年龄。种公牛适配年龄比种母牛要晚一些。过早利用对种牛本身生长发育不利，还会影响犊牛的生长发育；延迟利用，会增加饲养费用，影响性欲及利用年限。

（2）保证生产优质精液　优良种公牛只有在加强科学饲养管理和防疫以及合理采精利用的条件下，才会维持正常的繁殖机能，进而保证生产优良品质的精液。首先，掌握好适度的采精频率，种公牛采精不要过于频繁，一般每周采精 2 次。为了有效地发挥种公牛的种用价值，需定时采精，制成冷冻精液。其次，对于种公牛的精液，要经常或定期做精液品质检测和分析。在检测时不仅要注意射精量、精子活率及其密度等指标，还应做精子形态（包括精子畸形率和精子顶体完整率）的检查，此外要定期做微生物检查。

（3）优秀种公牛利用率　种公牛应具备符合本品种标准、生长发育正常、体质外貌及生产性能高、繁殖力强、性行为表现旺盛、精液品质优、遗传力强、种用价值高等条件。为此，应充分发挥这些优良种公牛的作用。旺盛生育期的种公牛所产的后代生长发育良好，利用价值高，公牛配种效率高，母牛受胎率、产犊率高，犊牛初生重大。

2. 母牛的繁殖管理

（1）发情管理　育成母牛的初情期一般为 6～10 月龄，平均为 8 月龄，表明母牛具有繁殖的可能性，但不一定有繁殖能力。育成母牛的性成熟期是指生殖生理机能成熟的时期，一般为 8～12 月龄，平均为 10 月龄，表明母牛具有繁殖能力，但不一定可以配种。育成母牛的体成熟期是指机体各部分的发育已经成熟，一般为16～20 月龄，平均为 18 月龄，表明母牛能够配种。育成母牛的初情期、性成熟期、体成熟期受母牛的品种、饲养管理条件、营养状况、环境气温等因素的影响而有一定的差异。据资料统计，成母牛分娩后第一次发情时间平均为 52 d，30～90 d 的占 70%。奶牛产后第一次发情时间与产犊季节和母牛子宫健康状况有关，冬、春季产犊比夏、秋季产犊的母牛产后第一次发情晚，分别为 56 d 和 48 d。对于初情期延长的育成母牛和产后第一次发情延迟的成年母牛要查明原因，检查饲养管理情况及母牛的内生殖器官。

（2）配种管理 育成母牛的初次配种应在体成熟初期，即16～18月龄，但要求体重达到成年母牛体重的70%。过早配种会影响母牛的生长发育及头胎产乳量，过晚配种会影响受胎率、增加饲养成本。成母牛产后第一次配种时间以产后60～90 d为宜，低产牛可适当提前，高产牛可适当推迟，但过早或过晚配种都可能影响受胎率。

（3）妊娠管理

① 妊娠诊断 母牛配种后最好进行3次妊娠诊断，第一次在配种后60～90 d采用直肠检查法；第二次在配种后4～5个月采用直肠检查法；第三次在干乳前采用腹壁触诊法。有条件的可在配种后30～60 d采用超声妊娠诊断法及配种后22～24 d采集牛乳应用放射免疫或酶联免疫法进行早期妊娠诊断，主要目的是检出未受胎母牛。其他方法还有在配种后30～60 d取子宫颈口黏液加碱煮沸法等。

② 妊娠期及预产期推算方法 黑白花奶牛的妊娠期平均为280 d左右，范围为255～305 d。青年母牛的妊娠期比经产母牛短3 d，怀母犊比怀公犊妊娠期短2 d，怀双胎比怀单胎短4 d。

奶牛预产期的推算方法是"月减3，日加5"，即预产月份为配种月份减去3，如果配种月份小于或等于3，则先加12再减3；预产日期为配种日期加5，如果配种日期在月底，加5后预产日期就可能推到下月初。

3. 奶牛繁殖管理工作目标 奶牛场繁殖工作应达到以下指标：年总受胎率要求大于85%，管理水平较好的奶牛场可达到95%以上；情期受胎率大于50%，一次情期受胎率达58%以上较理想；年平均产犊间隔不应大于400 d，饲养管理水平较好的奶牛场产后第一次配种时间为35～55 d；青年母牛初配年龄为16～18个月，初产月龄为25～28个月；繁殖母牛年繁殖率达85%以上，管理水平较好的奶牛场可达到90%以上；个体每次受胎平均所需配种

（输精）次数低于 1.6 次；有繁殖障碍的个体低于 10%。

>> 三、提高繁殖力的技术措施

奶牛的繁殖力决定于它本身的繁殖潜力，后天因素（如环境、营养、管理、疾病等）对奶牛的繁殖力同样具有重要影响。只有正确掌握奶牛的繁殖规律，采取先进的技术措施，才能最大限度地发挥奶牛繁殖潜力，提高其繁殖力。此外，提高奶牛繁殖力，应在维持其正常繁殖力的基础上，应用和推广先进的繁殖技术等有效的综合配套措施（如母牛的早期妊娠诊断、同期发情、胚胎移植等繁殖技术）可深入开发其潜在的繁殖力，从而进一步发挥其繁殖力。

1. 严格选种、充分利用高繁殖力公、母牛的遗传潜力 奶牛繁殖性状的遗传力虽然较低，但遗传变异程度高。因此，加强选种，可提高奶牛繁殖力。

（1）繁殖性状的遗传规律 繁殖性状是一种受众多遗传和环境因素影响的复杂性状。有些繁殖性状受母牛的影响，如母牛的产仔-发情间隔期或产仔-配种间隔期等；有些繁殖性状仅受公牛影响，如精液量、精子密度、精子活力等；也有些性状同时受公、母牛的影响，如情期受胎率、产犊间隔期等。环境因素、饲养管理水平等都对繁殖性状有直接或间接的影响。从育种角度看，尽可能准确地反映繁殖性能的辅助性状是非常重要的。繁殖性状遗传力较低，大多在 0.1 以下，但与繁殖力有关的某些指标，如初情期、性成熟期、妊娠期等以及调节繁殖的激素及其受体水平等指标的遗传力较高，可达 0.3 以上。因此，对这些指标进行选择，可提高奶牛繁殖力。从某种程度上说，应选择繁殖力高的公、母牛进行繁殖，所以选种选配对奶牛生产很重要。通过选种获得优良母牛，通过选配选择优良公牛精液，可充分发挥优良公、母牛的遗传潜力。生产中，应注意在正常饲养管理条件下对奶牛性成熟的早晚、发情排卵情况、产犊间隔、受胎能力等作综合考察。例如，对母牛的选择要着重于产犊间隔、每胎犊牛数和配种指数。配种指数、产犊间隔在

一定程度上反映了公、母牛在受精方面的遗传能力，虽然它的遗传力较低，但在良好的饲养管理条件下，仍可通过选择不断提高奶牛群的繁殖力。同时要及时淘汰患卵巢囊肿、生殖器官畸形、异性孪生的母牛。对繁殖力较低的群体，也可选用繁殖力高的公牛配种，或实施胚胎移植，逐步提高后代群体的繁殖力。

（2）选留种牛时应将繁殖力作为重要选择指标 同一品种内个体之间的繁殖力有较大的差异，因此必须选择繁殖力高的公、母牛作种用。选择公牛时，应参考其祖先的生产能力，然后对其本身的生殖系统（如睾丸的外形、硬度、周径、弹性，阴茎勃起时能否伸出包皮，性反应时间，性行为序列，射精量、精子密度和活力等）进行检查。研究表明，动物精子形态性状与其后代的生产性能有一定的关系。在种公牛中，已发现精子头长与受胎率呈正相关，头宽则与受胎率呈负相关。精子形态差异能真实地反映个体间的繁殖力遗传差异。因此，在育种中应注意对公牛精子形态性状进行选择。选择母牛时，应注意对性成熟时间、发情排卵情况、受胎率、初产年龄、产犊间隔期等繁殖性状的选择。

2. 加强科学饲养管理，确保公、母牛的正常繁殖力 奶牛繁殖力除受遗传因素决定外，环境条件和饲养管理因素对其亦有较大的影响。加强奶牛的饲养管理是保证正常繁殖力的基础，因此，必须注意对奶牛群加强饲养管理。

（1）合理饲养管理 饲养水平过高或过低均会影响奶牛繁殖力。为了提高牛的繁殖力，应当加强牛的营养供给，特别是对于高产奶牛在妊娠期的营养水平。因此，应给奶牛提供适量、全价的日粮，以提高繁殖力。合理饲养是保持种公牛具有旺盛的性欲、优良的精液品质，发挥正常繁殖力的前提。应根据品种、类型、年龄、生理状态和生产性能等给种公牛喂以充足的各种营养素。要求种公牛保持中上等营养状况，其日粮中应含有全价的蛋白质、充足的矿物质和微量元素及维生素。种公牛日粮中 60% 的营养物质应由谷物饲料供给，40% 的营养物质则由干草、块根块茎、青饲料和适量青贮料提供。种公牛每日每 100 kg 体重喂给 1.5 kg 干草（夏季可喂 2~3 kg 青草)、1~1.5 kg 块根块茎类、0.8~1.0 kg 青贮料；精料喂量按每 100 kg 体重给 0.5~1 kg，视干草质量而调整。或按每 100 kg 体重喂给 1 kg 干草、0.5 kg 混合料，但要根据公牛的膘情调整喂量，以免公牛过肥。喂以优质干草，混合精料的粗蛋白质含量为 12%，如粗蛋白质品质低劣，则粗蛋白质需达 18%~20%。种公牛对缺乏蛋白质非常敏感，应特别注意补充蛋白质饲料。但饲喂过度，使种牛过肥也会降低其生殖机能。对于母牛，提高饲养管理水平，抓好繁殖母牛膘情，维持适当膘情是保证母牛正常发情的物质基础。还应根据不同的生理阶段，给予不同的营养水平。

对于初情期的牛，应注重蛋白质、维生素和矿物营养的供应，以满足其性机能和机体发育的需要。但过高的营养水平，常可导致公牛性欲及母牛发情的异常。种用牛体况，不应过度肥胖或消瘦。青饲料供应对于青年牛很重要，应尽可能给初情期前后的公、母牛供应优质的青饲料或牧草。此外，应有充足的饮水，水要清洁，冬季每日饮水 3 次，且饮温水，夏季饮 4~5 次。

(2) 利用降温和防寒措施，创造良好的环境条件 环境条件可改变奶牛的繁殖活动。在自然环境条件中，以气候对奶牛繁殖的影响程度最大。炎热的气候易引起奶牛热应激，使其繁殖力下降；此外，活动空间对奶牛繁殖力也有较大影响，牛舍拥挤使奶牛处于应激状态，也可降低繁殖力。因此，应给奶牛建立良好的环境条件，注意牛舍通风、卫生情况，并保证有足够的活动场所。适当的运动，能提高奶牛的体质，对维持其旺盛的繁殖力和生产性能有较大的作用。

① 控制高温的措施 降低牛舍内的温度：加强舍内通风、牛舍周围栽种遮阴树和常青藤；运动场上搭凉棚或建造葡萄架、瓜篓架或丝瓜架；夜间打开门窗、通气孔；舍内泼冷水，放置冰块等。牛体降温：冷水淋浴，冷水喷洒牛体，浅水池浸浴等。

② 提高牛防寒力的措施 饲喂优质牧草增膘；提高饲料中热能供给，以增强牛体耐寒力；加强牛舍防寒设施；减少长距离运输对繁殖力的影响，装运时保持安定、减少人畜骚扰，装车后保定结

实、避免栏断绳松，备足水、草、料，避免孕牛运输。

（3）强化科学管理　要改善奶牛群结构，保持合理的牛群结构是提高奶牛繁殖力的重要措施。在育种场，除须重视遗传结构外，还需重视年龄结构才能获得最优的遗传进展。在生产场，主要考察牛群的年龄结构，年龄结构越合理，繁殖率和增殖率越高，奶牛的产乳量及犊牛数量也越多。

标准化的生产中，生殖激素的合理推广应用是进行繁殖管理的重要手段。为了提高生殖激素的应用效果，标准化的激素制品十分重要。精液和胚胎的生产、繁殖技术推广应用也需标准化。人工授精、胚胎移植、诱导发情、诱导泌乳、不孕症治疗等技术的实施，必须有标准化的操作程序并正确地使用药物，才能保证繁殖技术的推广应用效果。

对母牛产后失重期要加以监控，以提高繁殖效果。奶牛泌乳高峰一般在产后 5～7 周，而采食高峰却在产后 12～13 周，其间因大量用于产乳的营养和能量而动用体内脂肪，因而发生营养代谢负平衡，表现失重现象。生理性失重期不能过久，应在产后 3 个月内恢复，如超过 4 个月将对机体和繁殖造成不良影响。

奶牛繁殖活动受人的控制，科学的管理措施有利于提高动物繁殖力。在母牛正常的发情周期中，要增加排卵数，可采用多种促性腺激素药物进行处理。但要注意品种、个体、用药时间、药物种类和使用剂量等方面的影响。用药量过大往往会造成排卵抑制或受精率下降等副作用，反而降低繁殖力。要注意各种影响奶牛繁殖力的疾病，及时淘汰那些繁殖力低又无治疗意义的病牛。在现代化的奶牛场，要对整个牛群建立电子档案，监测牛群生长发育、生产、繁殖等情况。

3. 做好母牛的发情鉴定和适时配种，提高母牛繁殖率

（1）做好母牛的发情鉴定和适时配种　奶牛准确的发情鉴定是适时配种的前提和提高繁殖能力的重要环节。在发情期，奶牛由于生殖器官发生了一系列生理功能性的变化，其行为也出现和平常大不相同的特殊表现，因此，只有掌握了母牛发情期的内部及外部变化和表现，将正处于发情期的母牛鉴别出来，再进一步预测其排卵时期以便确定适宜的配种时间，防止误配和漏配，才能提高受配率。通过发情鉴定推测其排卵时间，以保证已获能精子与受精力强的卵子相遇、结合、受精。在发情期内，有一个配种效果最好的阶段。因此适时配种对卵子的正常受精更为重要。正常情况下，刚刚排出的卵子活力较强，受精能力也最高。多数家畜的精子在输精后半小时内即可到达受精部位，此时，若完成获能作用的精子与受精能力强的卵子相遇，精卵受精的可能性也最大。一般说来，输精时间距排卵的时间越近受胎率就越高，这就要求母牛发情鉴定尽可能准确。

奶牛通常用直肠检查法进行发情鉴定。根据卵泡的有无、大小、质地等变化，掌握卵泡发育程度和排卵时间，以决定最适输精时间。奶牛的发情持续时间短，约 18 h，但 25% 的母牛发情不超过 8 h，而下午到翌日清晨前发情的要比白天多，发情并爬跨的时间大部分（约 65%）在 18：00 至翌日 6：00 特别集中在晚上 20：00 到凌晨 3：00 爬跨活动最为频繁。约 80% 的母牛排卵发生在发情终止后 7~14 h，20% 母牛属早排或迟排卵。漏情母牛可达 20% 左右，其主要原因是辨认发情征候不正确。为尽可能提高发情母牛的检出率，每天至少于早、中、晚进行三次定时观察。奶牛排卵一般出现在发情结束后，适时配种是提高受胎率的有力措施，根据实践经验，应抓好以下三项：一是看外观表现，观察黏液的透明度、黏性；二是触摸卵巢上卵泡发育的大小，卵泡壁的厚薄、紧张度、光滑性、水泡感等；三是综合判断排卵时间，然后决定配种时间。

（2）提高母牛繁殖率　提高母牛繁殖率包括提高母牛的"三率"和不孕母牛恢复繁殖。"三率"就是受配率、受胎率和犊牛成活率。"三率"是决定繁殖率的基础，"三率"的高低是发展奶牛业的关键。

① 提高母牛受配率的措施　要使母牛正常发情，平时要注意母牛的营养和健康，有病及时治疗。饲养管理好、营养全面是最主要的，可使青年母牛提早发情配种，成年母牛正常发情配种。草料

不足、饲草单一、日粮不全价，尤其是缺乏蛋白质和维生素及矿物质，是造成母牛不发情的主要原因。对已确认失去繁殖能力的母牛应及时淘汰。

加强母牛的发情观察，防止漏配、误配是提高母牛受配率的关键之一。为此，饲养人员必须熟悉母牛的发情规律和个体特点，仔细观察每头母牛的发情表现，并做必要的记录。对发情表现不明显或不发情的母牛，及时诊治。对产犊母牛，要在产犊 40 d 后注意观察发情表现，不使漏配。高产奶牛多表现安静发情，故需加强观察，防止漏配。

及时检查和治疗不发情的母牛。母牛受配率低的主要原因是母牛长期不发情，或是隐性发情，这种情况的出现多数与营养供应有关。一旦出现这种情况，从根本上说应当调整母牛的营养水平，这是促进发情的基础；与此同时利用人工催情的办法也会取得一定效果，一般利用孕马血清促性腺激素（PMSG）催情，适量的 PMSG 注射后有效期为 6～7 d，催情后的配种效果最佳。

做好奶牛产后初配。根据各地经验，母牛产犊后进行"热配"，即在母牛产犊后第一个发情期进行配种，能提高受胎率。实践证明，若母牛在产犊后第一次或第二、三次发情期不能及时配种，往往会造成暂时或永久性不孕。

② 提高母牛受胎率的措施 提高母牛的受胎率，有赖于公、母牛两方面的饲养管理。

A. 母牛方面 为保证母牛受胎，母牛的健康和及时配种是两个重要的影响因素。母牛患病要及时治疗，特别是生殖道疾病。对于患有难以治愈的生殖道病、久不发情或 1 年以上连配而屡配不孕的母牛要及时淘汰。

改善饲养管理，营养中要有足够的能量、蛋白质和维生素及矿物质微量元素。营养全面才能使母牛发育正常，生殖系统的结构和功能健全，从而为受胎提供好的母体基础，营养不良，会使母牛受胎率降低，即使受胎，也会发生胚胎早期死亡或流产。

适时而准确地把一定量的优质精液输到发情母牛子宫内的适当

部位，对提高奶牛受胎率至关重要。因此，要求人工授精技术员通过观察或直肠检查确定卵泡成熟度，推测发情的持续时间和排卵时间，对每头奶牛的发情特点了如指掌，适时输精，并对每一发情周期做好繁殖配种记录。

母牛适时输精，应从三方面入手：①准确掌握发情鉴定技术；②掌握适时输精时间；③熟练掌握"直肠把握子宫颈输精法"的输精技术，严格遵守人工授精操作规程，注意卫生，减少生殖道疾病的蔓延，实行早期妊娠诊断，对那些未配上的母牛要抓紧时间进行复配。即使利用直肠把握输精法也必须掌握技术要领，即"适深、慢插、轻注、缓出，防止精液倒流"。单纯追求输精头数并不能达到受精率高的目的，技术员的操作水平对受胎率影响很大：输精员动作柔和，有利于母牛分泌促性腺素，增强子宫活动，有利于受胎。除了适时输精外，还要提高输精效果，可在输精的同时净化子宫，以提高受胎率。

加强母牛疾病治疗、预防影响繁殖力的传染病，如布鲁氏菌病、滴虫病等。严格执行防疫注射、检查和卫生措施，对病牛要按照兽医防疫制度进行隔离处理，防治奶牛不育：对于先天性和衰老性不育以及难以治疗的奶牛应及时淘汰；对饲养性和利用性不育，可通过改善饲养管理和合理使用加以治疗；对于传染性和侵袭性不育，可通过防疫加以预防，一旦发生传染则应当隔离淘汰；治疗生殖器官疾病，对患有先天性生殖道畸形的个体要及时淘汰，对一般性生殖器官疾病要采取积极的治疗措施以恢复其繁殖力。总之，对子宫疾患应当尽量避免诱发因素，一旦发现应及时治疗，及早配种避免损失。此外，奶牛情期受胎率在一定程度上能反映受胎效果和配种水平。GnRH 能促进母牛发情和排卵，所以在生产中可应用 GnRH 及其类似物来提高母牛情期受胎率。

B. 公牛方面　种公牛必须健康无病，精液品质良好。提高公牛精液质量，提高奶牛的繁殖率，除母牛因素外，种公牛的精液品质则是关键因素，种公牛精液质量包括以下各项。

a. 射精量　公牛的射精量与牛的个体和饲养管理条件等有关。

一般为 5～8 mL，射精量过少，但其他项目正常的，精液仍然可用。

b. 精液颜色 公牛的精液应为淡灰色或微黄色，其他颜色则为不正常，如带绿色或红色多属混有浓液或血液，一般不能用来输精。

c. 精子活力 精子活力是指精液中呈直线前进运动的精子占全部精子的百分数。如为 100%都是直线运动则评为 1.0 分，90%则评为 0.9 分，依此类推。

d. 精子密度 精子密度是指精液中精子数量的多少。一般在显微镜下，凭经验评定，是稀释倍数的依据。可分为密、中和稀 3 个等级。

e. 精子畸形率 按国家标准规定，用于制作冷冻精液的，精子的畸形率一般不超过 17%，最高不得超过 20%，否则属品质不良，不能制作冻精。

种公牛在营养上应当全价而平衡，要求饲料多样配合、易消化、适口性好，加强种公牛的运动和肢蹄护理，使种公牛有良好体况和充沛的精力。在精液处理和冷冻精制作上则应严格遵守规程要求。此外还应注意细管冻精的分发和运输各环节，才能保证精液质量。

③ 提高母牛产犊成活率的措施 犊牛成活率是指断奶成活犊牛数（一般为 6 月龄断奶）占本年度出生犊牛数的百分率。从出生到断奶这段时期犊牛易发生意外或疾病死亡。

首先，狠抓妊娠母牛的保胎工作，做到全产。母牛妊娠后要做好保胎工作，保证胎儿的正常发育和安全分娩。造成流产的生理原因有三：一是胎儿在妊娠中期死亡；二是子宫突然发生异常收缩；三是母牛体内生殖激素发生紊乱，母体变化失去保胎能力。母牛妊娠 2 月内胚胎在子宫内尚呈游离状态，逐渐完成着床过程。胎儿由依靠子宫内膜分泌的子宫乳作为营养过渡到依靠胎盘吸收母体的营养，若此时期营养过低、饲料质量低劣、子宫乳分泌不足，则会影响胚胎发育，甚至造成胚胎死亡或流产。管理方面，孕牛要有适当运动，但不可过度。在怀孕期间要防止惊吓、鞭打、滑跌、抵架等，特别对有流产史的孕牛必要时应采取保护措施，服用安胎药物或注射黄体酮等。

加强犊牛培育工作。妊娠母牛的营养水平与初生牛的体重和健康状况关系密切。出生重大的犊牛一般较易成活。犊牛出生后要抓紧使犊牛吃上初乳，最好在生后 2～3 h 吃上初乳，以增强犊牛对疾病的抵抗力。犊牛的早期补料可促进牛胃的发育。犊牛生后 2 周，就可以训练采食，早采食对牛的健康、生长发育有利，最初 1 d 仅食 50～100 g，以后逐渐增多，3 周后即可补充一些优质干草以促进犊牛的生长发育。出生 1 周后，即可每天放于小运动场使其自由活动。犊牛都应避免使其卧于冷、湿地面和采食不洁食物。哺乳期中如发现犊牛有病，要及时治疗，以免造成损失。

4. 及早进行妊娠诊断，防止奶牛失配空怀　在人工授精后，要及时掌握母牛是否妊娠、妊娠的时间、胎儿的发育情况及母畜的生殖器官的变化情况。通过早期妊娠诊断，能够及早确定奶牛是否妊娠，做到区别对待。奶牛在配种后 18～20 d 应进行妊娠检查。对已确定妊娠的母牛，应加强保胎措施，防止流产，使胎儿正常发育，对孕后发情的母牛确诊后，还可防止因误配而造成的流产。可防止孕后发情造成误配。对未妊娠的奶牛，开展早期妊娠检查，狠抓复配工作，并认真、及时找出原因，采取相应措施，一旦发现奶牛卵泡发育并且发情，不失时机地补配，防止失配空怀，减少空怀时间，尽量阻止失配或漏配，这样才能达到提高受胎率的目的。即便发现奶牛卵泡停止发育并形成黄体，也需严密观察是否再出现发情现象，并应再次进行妊娠检查，才可确认妊娠。另外在检查时要注意将内部变化与外部表现相结合，防止妊娠后再配造成流产。同时通过检查可及早发现和控制母牛生殖器官疾病的发生。所以，确定配后母牛是否妊娠及抓好再配种工作、防止失配空怀，是提高母牛繁殖力和减少奶牛业经济损失的关键环节。

奶牛的胚胎死亡多发生在妊娠早期，这种死亡发生得很早，有时甚至并不影响下次发情的时间，其生理机制还不清楚，目前也无特殊性预防措施。测定乳汁或血液中孕酮水平，是奶牛早期妊娠诊断的常用方法。此外，应用超声图像法和测定血中妊娠特异蛋白 B 或妊娠糖蛋白 1 的方法也可进行早期妊娠诊断，同时还应监测胚胎发育及生殖疾病的发生情况。

5. 减少母牛早期胚胎死亡与流产

（1）母牛早期胚胎死亡的原因及防治措施　奶牛早期胚胎死亡和流产是影响牛群繁殖率和增殖率等繁殖力指标的重要因素之一。正常情况下，母牛发情配种后受胎率接近 90%，但一次配种受胎的比例仅为 50%左右，其中约有 40%是由于受精卵着床障碍和胚胎早期死亡所致。

造成胚胎死亡的因素是复杂的、多方面的，应全面地分析，找出其主要原因，以便有针对性地采取相应措施来预防。

① 营养及管理失调　一般营养缺乏及某些微量元素或维生素的不足、母牛缺乏运动，都会使胚胎死亡数增多，此外诸如饲料中毒以及妊娠母牛患病、体温持续升高等也能造成胚胎死亡。

② 生殖细胞老化　输精过早或过晚，使精子和卵子两者任何一方在衰老时结合都容易造成胚胎死亡；某些母牛排卵后进行追配，随着时间推移，不但使受胎率降低，还容易出现胚胎死亡。此外，母牛年龄偏大、近亲繁殖会使胚胎的生活力下降，也能导致胚胎死亡数增加。

③ 生殖道疾病　在奶牛妊娠过程中，子宫环境的疾病感染也是造成胚胎死亡的重要原因。布鲁氏菌病以及子宫感染大肠杆菌、链球菌、溶血性葡萄球菌、沙门氏菌、化脓性杆菌、结核菌等引起子宫内膜炎，均易引起胚胎早期死亡。

即使是具备正常生育能力的牛群也常发生早期胚胎死亡。据有关报道，奶牛早期胚胎死亡率为 25%～35%，大部分胚胎死亡发生于配种后 21 d 左右。因此，必须注意适时输入高质量的精液，对妊娠期的母牛要加强饲养管理，防止挤斗及滑倒等导致的胚胎死亡和流产。对牛来说，胚胎死亡主要发生于妊娠早期，此时期胚胎与子宫的结合是比较疏松的，受到不利因素的影响时极易引起早期胚胎死亡，到目前也没有特效的预防措施。对妊娠后期的母牛要防止相互挤斗、防止滑倒可减少流产。有试验提出，在配种后 7～11 d，注射 30 mg 孕酮对减少胚胎早期死亡有一定的效果。但一般认为，适当的营养水平、良好的饲养管理可减少胚胎的死亡。

（2）母牛流产的原因及防治措施　奶牛人工授精的流产发生率为 10％左右，胚胎移植的流产发生率为 15％左右。流产的原因分传染性流产和非传染性流产两大类，传染性流产是奶牛患某些传染病的一种症状，大多数流产为非传染性流产。非传染性流产的原因有：营养性流产、损伤性流产、药物性流产、中毒性流产、症状性流产。根据流产的月龄及胎儿的变化，流产可分为以下几种类型。

① 隐性流产　又称早期胚胎死亡，发生在妊娠早期 1～2 个月，占流产中的 25％。

② 小产　即排出未经干尸化的死胎，发生在妊娠中后期。这是最常见的一种流产，占流产中的 49.8％。

③ 死胎　即胎儿死亡后滞留在子宫内，由于子宫颈口关闭，胎儿水分被吸收发生干尸化，死胎多发生在妊娠 4～5 个月，占流产中的 24％。

④ 胎儿腐败　胎儿死亡后由于腐败菌侵入子宫，使胎儿发生腐败分解，产生大量气体使胎儿增大造成难产，是最危险的一种流产，临床上极少见，占流产中的 0.3％。

⑤ 胎儿浸溶　即胎儿死亡后由于非腐败菌侵入子宫，胎儿的软组织被溶解流失，而骨骼滞留在子宫内。胎儿浸溶发生时间与死胎相近，占流产中的 0.9％。

母牛发情配种受胎后，在整个妊娠期中，由于各种因素的影响，如饲养管理不善、生活环境突然变劣、生殖机能紊乱、生殖器官疾病以及患某些传染病等多种复杂因素，都可能引起奶牛发生附植障碍、流产，而导致妊娠中断。针对这些情况，必须加强妊娠母牛的饲养管理、适度运动、预防疾病、保持安静的生活环境。可在妊娠一定时期，注射适量孕酮来降低奶牛流产的发生。对妊娠后期的母牛，要注意防止相互挤斗和滑倒，防止流产。总之，加强保胎防流，保证母牛正常的妊娠生理机能，是提高奶牛繁殖力的重要措施之一。

6. 推广普及繁殖新技术　现代化畜牧业的发展，要求人们把家畜的繁殖效率提高到与生产效率和人民的生活需要相适应的水平。随着奶牛改良工作的开展，传统的繁殖方法已不适应我国现代化奶业需要。目前在母牛的性成熟、发情、配种、妊娠、分娩直到犊牛的断奶和培育等各个繁殖环节中，都有相应的控制技术，如人工授精（配种控制）、同期发情（发情控制）、超数排卵（排卵控制）、胚胎移植（妊娠控制）、诱导分娩（分娩控制）等。这些技术的进一步研究和应用将大大提高奶牛的繁殖效率。

（1）推广人工授精及冷冻精液　人工授精技术的推广应用是20世纪奶牛生产中的重大革新，对提高奶牛繁殖力和品种改良起到重要作用，特别是牛冷冻精液的推广应用，极大地提高了优秀种公牛的繁殖效率。人工授精及牛冷冻精液的全面推广、优良奶牛的逐渐增加，提高了奶牛群的生产性能和奶牛业的经济效益。

（2）诱导发情技术　对于生理性乏情和病理性乏情母牛可用外源激素，如促性腺激素、前列腺素或某些生理活性物质（如初乳）以及环境条件的刺激，促使乏情母牛的卵巢从相对静止的状态转变为机能性活动状态，或消除病理因素，以恢复母畜的正常发情和排卵，即诱导发情排卵。

诱导发情可以控制母牛发情时间、缩短产犊间隔，使其在一生中繁殖较多后代而提高繁殖率，还可以调整母牛的产仔季节，使奶牛在一年内均衡产乳，从而提高奶牛业经济效益。

（3）同期发情技术　利用人工方法控制和改变一群空怀母牛的卵巢活动规律，使它们在预定时间内，集中发情且正常排卵的技术。同期发情技术在奶牛业中的应用，有利于推广人工授精技术，促进奶牛品种改良。且便于组织和管理奶牛生产，节约奶牛配种费用。母牛被同期发情处理后，可同期配种，随后的妊娠、分娩、犊牛的培育等一系列的饲养管理环节都可以按时间表有计划地进行，从而使各时期的生产管理环节简单化，减少管理开支、降低生产成本，形成现代化的奶牛规模生产。此外，还可提高低繁殖力牛群的繁殖力。

（4）超数排卵技术　应用外源性促性腺激素诱导奶牛卵巢多个卵泡发育，并促使母牛排出多个具有受精能力的卵子的方法，简称"超排"。母牛超数排卵主要为了一方面适当增加排卵数。超数排卵技术的应用，可以充分发挥优良母牛的作用，是加速牛群改良的一个重要手段。同时又可生产多量胚胎用于胚胎移植，也是胚胎移植的又一个重要环节。

（5）胚胎移植技术　胚胎移植技术可以大大提高优良奶牛利用率，加速奶牛品种改良和育种的速度。充分发挥母牛繁殖潜力，能使优秀母牛的繁殖力得到充分发挥。该项技术在奶牛生产中已显示出广阔的应用前景，具有巨大的经济效益和社会效益，今后应大力推广。

（6）胚胎分割技术　胚胎分割是运用显微操作系统将奶牛附植前胚胎分成若干个具有继续发育潜力部分的生物技术，经体外培养和移植后，可获得同卵双生或多生牛犊。在奶牛生产上，胚胎分割可用来扩大优良奶牛的数量。该项技术可在奶牛胚胎数一定的情况下通过分割获得较多的后代，有助于提高奶牛的繁殖力，同时这也是半胚冷冻、冻胚分割、胚胎性别鉴定和基因导入等研究的基本操作技术。

（7）体外受精技术　体外受精是指母牛的精子和卵子在体外人工控制的环境中完成受精过程的技术。在生物学中，把体外受精胚胎移植到母体后获得的动物称试管动物。这项技术成功于20世纪50年代，在最近30年发展迅速，现已日趋成熟而成为一项重要而常规的动物繁殖生物技术。

在奶牛品种改良中，体外受精技术为胚胎生产提供了廉价而高效的手段，对充分利用优良品种资源、缩短奶牛繁殖周期、加快品种改良速度等有重要价值。该项技术有利于提高公、母牛的繁殖潜力，因为在自然条件状况下，母牛每一情期仅排卵一枚，一生也不过利用十多个卵子，而一头母牛卵巢内有数十万个卵母细胞存在，经处理激活后，再体外受精就能十分显著地扩大胚胎来源。体外受精是克服由于输卵管不通造成母牛不孕的有效手段，同时，胚胎的核移植及胚胎性别鉴定等技术都可由体外受精卵取得材料，对牛的胚胎生产、育种改良和提高生产力具有重要意义。

（8）生殖激素的应用 生殖激素的正确使用，可以诱导不发情的母牛发情、排卵少的多排卵，还可使患繁殖障碍的母牛恢复正常的生殖机能。利用前列腺素及其类似物，可治疗持久黄体、黄体囊肿等，使患繁殖障碍的母牛恢复正常的生殖机能，延长其利用寿命。利用孕激素类药物可以保胎，从而保持和提高母牛繁殖能力。

（9）产后生殖机能监测技术 母牛在产后生殖机能的恢复状况是影响产犊间隔最关键的因素。因此，利用现代科学技术对母牛产后期的生殖机能状况进行监测，以便采取适当的技术措施，使母牛在产后能尽早配种受胎，对于缩短产犊间隔、提高母牛繁殖力具有重要作用。

① 产后卵巢活动的监测 在产后期，母牛体内的孕酮主要来源于卵巢上的黄体，因此，奶牛外周血液中的孕酮水平是随着繁殖阶段而变化的。奶牛体内孕酮变化的规律性为监测卵巢机能提供了方便。因此，可以通过测定奶牛体内孕酮水平的变化监测卵巢活动状况。研究证明，在产后每隔 4 d 采集一次血样或乳样，可以监测产后母牛的卵巢活动状况。也可应用超声波诊断观察卵巢上的卵泡或黄体的发育情况。

② 产后子宫活动状况的监测 对子宫复旧状况的检查，可以采用传统的直肠检查法，这种方法不受现场条件限制，目前在生产实践中仍广泛应用，但劳动强度较大。近年来一些依赖现代化技术的方法如子宫内压测定、腹腔镜检查、超声波检查、子宫肌电测定和子宫内膜活组织检查等已相继应用于母牛产后子宫活动的监测。

任何一项奶牛繁殖技术的推广和应用都要对繁殖技术人员进行必要的技术训练，否则，技术人员的技术不熟练或操作不合理，往往会给奶牛造成人为的繁殖力降低或不育。例如：发情鉴定不准确会造成误配或失配；精液处理不当，冷冻精液的处理方法不合理，会使精液品质下降、受精能力降低；输精方法不当、器械消毒不严格，易引起母牛的子宫疾患而降低母牛的繁殖力。

目前，我国在奶牛繁殖新技术方面做了不少工作，并取得了一定成效。牛无性繁殖技术以及转基因技术等先进繁殖技术的进一步研究和推广，必将促进奶牛业现代化、集约化、产业化的发展。但与国际先进水平相比，还有很大的差距。今后，除继续加强繁殖新技术的研究外，还须根据我国的实际，推广和普及繁殖新技术，以期较大幅度地提高奶牛繁殖力。

7. 减少奶牛不育（不孕）症的发生　牛的生殖机能异常或受到破坏，失去繁衍后代的能力统称为不育。不育是由阻碍繁殖的一种永久性或暂时性的因素引起的，对母牛称为不孕。对于奶牛，繁殖力就是生产力，不育（不孕）就意味着繁殖力受到破坏，生产性能下降，严重地影响牛群的增殖与改良。不育（不孕）是由于公、母牛生殖机能的紊乱引起，也可以由其他器官严重的疾病间接造成，以致损害两性配子的发生、胚胎发育障碍等。

造成奶牛不育的原因大体可以分为：先天性不育、衰老性不育、疾病性不育、营养性不育、利用性不育和人为性不育。

奶牛先天性和衰老性不育，由于难以克服，应及早淘汰。对于营养性和利用性不育，应通过改善饲养管理和合理的利用加以克服。对于传染性疾病引起的不育，应加强防疫，及时隔离和淘汰。对于一般性疾病引起的不育，应采取积极的治疗措施，以便尽快地恢复奶牛的繁殖能力。对于人为性不育，首先应加强管理，配种前应对母牛群的发情规律及繁殖情况进行调查，掌握牛群中能繁殖、已妊娠及空怀、流产的头数及比例，对每头母牛过去的繁殖情况及发情特点，甚至生殖器官内部状况都应有较深的了解，对于空怀、流产母牛要及早检查治疗。对失去繁殖力的母牛及牛群中其他的不良个体要进行清理或淘汰，从而制定配种计划和精液供应计划，安排好人员，做好配种前的准备工作。配种后的母牛，要检查受胎情况，以便及时补配和做好保胎及加强饲养管理工作。做好牛群的科学管理，做好各环节的工作才能有效地防止人为性不育，提高奶牛的繁殖力。

8. 做好奶牛的繁殖组织和管理工作　提高奶牛繁殖力，不单纯是技术问题，必须有严密的组织措施相配合才能实现。

（1）队伍建设　从事奶牛繁殖工作的人员既要有技术，又要有责任心，认真钻研业务，才能做好工作。有关领导对从事本项工作的人员应从待遇、福利方面给予尽可能的照顾以稳定技术队伍。

（2）加强技术培训　定期进行奶牛繁殖技术培训。不断提高理论水平，以指导生产实践。还应组织交流经验，相互学习，推广先进技术，不断提高繁殖管理技术水平，并通过有效途径定期和不定期地检查评定工作效果。在防治繁殖疾病方面，饲养员、配种员、挤奶员和助产人员起着很大的作用。有些繁殖疾病常常是由于工作上的原因造成的，例如：不能及时发现发情母牛和未孕母牛，繁殖配种技术（发情排卵鉴定、妊娠检查、人工授精）不熟练，不能适时或正确地进行人工授精；配种、接产消毒不严、操作不慎，引起生殖器官疾病等。因此，技术人员必须不断学习，钻研业务，共同制订出牛群繁殖和防止繁殖疾病的计划，建立切实可行的制度，并认真落实。

（3）做好各种繁殖记录　对公牛的采精时间、精液质量，母牛的发情、配种、分娩、流产等情况进行记录，及时分析、整理有关资料，以便发现问题并及时解决。

（4）编制年度奶牛配种繁殖计划　奶牛场在年初应编制好年度配种繁殖计划。在制订计划以前，必须要以上年度成母牛的受胎和繁殖情况，结合本年度的饲养管理、基础母牛的体质、人工授精技术员的素质等制订计划，确保繁殖指标能够顺利完成。

为了保证奶牛的正常繁殖力，进一步提高优良种公牛的利用率，有关部门或组织陆续制定了一些标准、规范及操作规程，为生产部门提供了科学管理的根据，各有关单位应遵照执行。

9. 对不孕牛诱导泌乳、恢复繁殖力的措施　在奶牛生产中，由于各种原因造成牛的长期不孕而无乳或少乳，这是当今奶牛业中一个共同存在的问题。据调查，在一些牧场这种牛常占牛群的10%左右，这无疑是极大的损失。造成奶牛不孕或难孕的因素很多，除遗传因素外，激素的功能与酶的作用也有着密切的关系。应用激素诱导空怀干乳母牛泌乳，是通过给它注射"诱乳激素"，使不产乳、不产犊的母牛重新产乳、产犊，以充分发挥其生产性能，因此它有很强的实用意义。

诱导泌乳的方法很多，近几年来各地都有报道，但都不外乎利用激素模拟正常分娩前的主要激素变化过程，人为地促进乳房及发动泌乳。根据生理学研究，牛的乳腺发育主要依靠雌激素及孕酮的协同作用，泌乳的发动及维持主要依靠促乳素的大量释放及持续分泌。这些激素运用得当就可促使母牛大量泌乳。

第四节　奶牛繁殖的日常管理

>> 一、种公牛的繁殖利用和日常管理

1. 种公牛的适龄采精及合理的人工调教　种公牛的初次采精年龄应在性成熟后，体重达到成年公牛体重的 70% 左右时进行采精。一般情况下，种公牛的开始采精适宜时间在 18～24 月龄。种公牛在正式采精之前要有一段试采期。试采期一般为 6 个月。试采期间每周采精一次，并在此期间加强对小公牛的调教，防止采精过度，影响公牛身体发育。

2. 适当的采精频率　合理安排种公牛的采精频率，对维持其正常性机能、保持种用体况、延长使用年限并最大限度地提高精液产量和质量具有重要意义。科学地确定种公牛的采精频率应以鲜精的密度为重要参考指标，即当精液的密度大于 7 亿个/mL 时，可以继续采精，当鲜精的密度小于 7 亿个/mL 时，应减少或停止采精。另外，当高温季节，种公牛精液品质明显下降时不应停止采精，应安排每周采精一次，以刺激睾丸内精子的生成。

3. 规范采精和冻精生产操作与管理　采精场所和器材的设计、选材、准备及使用维护，都与保持种公牛健康和正常的生殖机能有

密切关系。采精厅应宽敞、明亮、平坦、安静、清洁且冬暖夏凉；采精架应坚实牢固，设计尺寸合理；采精垫应防滑、弹性好，便于清洗；假阴道的温度、压力和润滑度适宜；对采精场所、器械以及牛体（尤其是包皮）进行严格的清洁消毒，减少公牛繁殖疾病的发生，降低精液细菌数，避免病原通过采精和配种繁殖环节传播。

采精前，让公牛有充分的准备。对于性欲低的公牛可采取空爬台牛、被其他公牛爬跨、更换台牛、观摩、按摩、改变采精环境，或让饲养员牵引台牛在前面走动，待采公牛在后面跟随走动等措施，提高公牛性欲。采精人员的操作水平直接关系到种公牛的精液产量和使用寿命。采精员要严格遵守操作规程，做到胆大心细、动作熟练、操作迅速而准确。精液品质鉴定，稀释液配制，精液平衡、灌装、冷冻和保存等冻精生产中任何一个环节操作不当或失误都会对精子造成致命的伤害，影响人工授精的受胎率。

4. 创造适宜的环境条件 温度、光照和湿度对种公牛繁殖力的影响，以高温的危害最大。热应激可造成种公牛性欲不足、精液品质下降。炎热的夏季可以采用牛舍安装水帘、舍内喷雾、遮阳、加强通风、调整饲喂和采精时间、供给清凉饮水等措施降低热应激的不良影响。冬季应增加光照时间，保持牛舍空气新鲜、湿度适宜等。总之，为种公牛休息、采食和采精提供一个舒适的环境，是提高繁殖力的前提条件。

>> 二、母牛的繁殖利用和日常管理

1. 合理确定适配年龄 青年母牛过早或过晚配种都会影响其终生繁殖力。一般母牛的初配月龄为 16～18 月龄，但要求体重达到成母牛体重的 70%。

2. 注重发情观察，把握正确的输精时机 发情观察是做好牛群繁殖管理的关键性工作，规模奶牛场必须安排专人，每天至少早、晚两次观察母牛发情情况，并做好记录。成年母牛产后第一次配种时间应掌握在产后 50～90 d，膘情中等以上。配前要对母牛进

行检查，对患有生殖疾病的母牛不予配种，应及时治疗或淘汰。

人工授精员通过对母牛进行观察和直肠检查，确定适宜的输精时间。母牛的输精时间一般在发情结束后 2～3 h 或发情开始后的 18～24 h，在直肠检查有较大波动的囊状卵泡时进行第一次输精，在 8～10 h 后进行第二次输精。在生产实践中，常常采取早上发情则当天下午输精、下午发情则第二天早上输精的做法。

做好配种记录，详细记录配种母牛的输精时间和公牛号，并在之后的第 18～21 天，即下一个发情期临近的几天里，仔细观察其是否返情，对未受胎母牛及时补配。

3. 严格执行人工输精操作规程　正确的输精操作是成功受胎的关键。做好发情鉴定，按规范的人工授精技术操作规程进行配种。首先，人工授精员要做好输精枪、牛外阴及输精人员本身的清洁和消毒；在 38～40 ℃、避光、清洁的条件下，在十几秒钟内，完成冷冻精液的解冻和装枪；最后将精液注入母牛的子宫，进行深部输精，输精动作要慢插、轻注、缓出，防止精液逆流。输精母牛须做好记录，各项记录必须按时、准确，并定期进行统计分析。

4. 加强妊娠期和围产期母牛管理　及时进行妊娠诊断，加强母牛分娩前、后的饲养管理指导。加强妊娠前期母牛管理，及时分群，避免母牛跌倒、顶撞、过度使役、采食冰冻或腐败饲料等，最大限度地降低流产风险。对围产期母牛，分娩时应及时助产；对胎衣不下的母牛及早治疗；帮助犊牛尽早吃到初乳。合理搭配母牛日粮，预防乳腺炎。

5. 合理制定奶牛繁殖计划——配种计划　制定配种产犊计划，可以明确一年内各月参加配种的母牛数和分娩数，便于组织和计划生产，是完成繁殖任务、调节生产需要、制定育种计划以及提高奶牛业经济效益的必要管理措施。配种产犊计划的内容包括牛号、胎次、年龄、生产性能、产犊日期、计划配种日期和实际配种日期、与配公牛、预产期、干乳期等。

母牛的产犊通常有均衡性分娩和季节性分娩两种类型，均衡性分娩是指各月份均有母牛分娩，一年中各月份分娩母牛较均衡；季节性分娩是指集中在某一季节分娩,如春季或秋季。具体采用哪一种配种产犊计划,应根据不同生产方向、气候条件、饲料供应、产品需求及育种方向和某些母牛特点等而定。

6. 完善繁殖管理工作 建立繁殖记录制度;建立繁殖月报、季报和年报制度;并要求配种技术员或兽医工作者例行下列生殖道检查工作:母牛产后 14~28 d 检查一次子宫复位情况,对子宫恢复不良的母牛连续检查,直到可以配种为止;对阴道分泌物异常的牛和发情周期不正常的牛,应进行记录,并给予治疗;对于产后60 d 以上尚不发情的牛,应查明原因,予以治疗;对配种 30 d 以上的牛进行妊娠检查。

>> 三、奶牛场的繁殖管理

在奶牛场内,一个重要的生产内容是使成年母牛妊娠,这是繁殖管理的主要工作。奶牛繁育管理水平不仅直接影响本胎次泌乳母牛产乳量,还对母牛生产性能的发挥和经济效益的提高也将起着决定作用。

1. 做好奶牛场繁殖记录 奶牛繁殖管理的一个主要工作是做好牛群的繁殖育种记录,繁殖记录的主要内容包括:公、母牛号,发情情况(日期、状况、发情鉴定),配种情况(日期、配种人员、输精次数),妊娠鉴定情况,预产期,产犊情况,疾病治疗等。具体的繁殖记录应包括以下信息。

(1)发情记录 发情日期、开始时间、持续时间、性欲表现、阴道分泌物状况等。

(2)配种记录 配种日期、第几次配种、与配公牛号、输精时间、输精量、精子活率、子宫和阴道健康状况、排卵时间等。

(3)妊检记录 妊检日期及结果、处理意见、预产期、停奶日期等。

(4)流产记录 胎次、配种日期、与配公牛、不孕症史、配种时子宫状况、流产日期、妊娠月龄及流产类型、流产后子宫状况、处理措施、流产后第一次发情日期及第一次配种日期妊检日期等。

(5) 产犊记录 胎次、与配公牛、产犊日期、分娩情况（顺产、接产、助产）、胎儿情况（正常胎儿、死胎、双胎、畸形胎儿）、胎衣情况、母牛健康状况，以及犊牛的性别、编号、体重等。

(6) 产后监护记录 分娩日期、检查日期、检查内容、临床状况、处理方法、转归日期等。

(7) 兽医诊断及治疗记录 包括各种疾病和遗传缺陷的诊断及治疗记录。

2. 冷冻精液的保存及液氮罐的正确使用 每个液氮罐、提筒应有编号，并记录牛冷冻精液的名称、批号、数量，登记人员做好记录。存放房间要求通风、干燥，避免日光照射容器。室内保存多个容器时，要注意安全，尤其要注意通风。将不同牛的冷冻精液按品种、牛号、剂型、制作冻精批次等分别有秩序地装在液氮罐里，将冻精管始终浸入液氮内长期保存。正确使用液氮罐贮精器：运输中轻拿轻放，避免碰撞，特别注意对液氮罐颈部的保护；平时放置于阴暗处，尽量减少开罐次数和时间，以减少液氮消耗；定期（液氮剩 1/3 时）添加液氮；贮存过程中，如发现液氮消耗过快或罐外排霜，表明液氮罐性能失常，应立即更换；取、放冻精时不要把盛冻精的提筒提到罐外，只能提到罐颈基部，如经 10 s 还没有取完，应将提筒放回，经液氮浸泡后再继续提起取用。贮存冻精的液氮罐，每年至少要彻底清洗一次，要冲洗干净并控干后方可再次使用。

3. 建立奶牛繁殖记录登记及统计报表制度 建立发情、配种、妊娠、流产、产犊及繁殖障碍母牛的检查、处理等记录，原始记录必须真实、完整、详细。要认真做好各项繁殖指标的统计，数字要准确。认真记录产后母牛、犊牛的状况，如胎衣排出情况、犊牛体况等，并做到及时处理产科问题，发现病症及时处理。对早期胚胎死亡、流产、早产牛、屡配不孕牛、屡治不育牛，要分析原因，必要时进行流行病学调查，并采取相应措施。

4. 严格执行牛人工授精技术操作规程 奶牛人工授精技术的

推广，特别是冷冻精液的应用大大提高了种公牛的繁殖效率，提高了牛群的生产水平。在推广人工授精技术的过程中，一定要遵守操作规程，从发情鉴定开始，到清洗和消毒器械、采精、精液处理、冷冻、保存及输精等，是一整套非常细致严密的操作，各个环节紧密联系，任何一个环节掌握不好，都可能造成失配、不孕的后果。

奶牛的繁殖管理是从牛群意义上探讨提高奶牛繁殖效率的理论和方法。首先必须明确繁殖力的概念，了解奶牛繁殖力现状及影响奶牛繁殖力的因素，从而对奶牛进行有效的繁殖管理并提出提高繁殖力的措施，以便最大限度地挖掘奶牛繁殖潜力，获得最佳繁殖效果和经济效益。

本章参考文献

陈幼春，吴克谦，2007. 实用养牛大全 [M]. 北京：中国农业出版社.

陈玉霞，林峰，孙克宁，等，2011. 母牛发情鉴定与适时配种技术 [J]. 黑龙江动物繁殖（3）：31-2.

董常生，2009，家畜解剖学 [M]. 4 版. 北京：中国农业出版社.

范伯胜，吴剑锋，2014. 奶牛生殖系统疾病的治疗 [J]. 兽医导刊（10）：75.

惠冰，牛鑫，张瑞秋，等，2008. 奶牛不孕症发生的原因和治疗措施 [J]. 河南畜牧兽医（市场版），29(15)：31-46.

林峰，陈玉霞，黄承俊，等，2013. 提高奶牛繁殖力的技术措施 [J]. 黑龙江动物繁殖（6）：21-23.

莫放，2003. 养牛生产学 [M]. 北京：中国农业大学出版社.

倪和民，鲁琳，2013. 奶牛健康养殖与疾病防治 [M]. 北京：中国农业出版社.

桑润滋，2011. 动物高效繁殖理论与实践 [M]. 北京：中国农业大学出版社.

沈霞芬，2010. 家畜组织学与胚胎学 [M]. 3 版. 北京：中国农业出版社.

王锋，2012. 动物繁殖学 [M]. 北京：中国农业大学出版社.

王福兆，孙少华，2010. 乳牛学 [M]. 4 版. 北京：科学技术文献出版社.

王加启，2011. 现代奶牛健康养殖科学 [M]. 北京：中国农业出版社.

徐玉花，2013. 奶牛四种繁殖障碍性疾病的病因分析 [J]. 当代畜禽养殖业（8）：37-38.

杨利国，2014. 动物繁殖学 [M]. 2 版. 北京：中国农业出版社.

昝林森，1999. 牛生产学 [M]. 北京：中国农业出版社.

张嘉保，田见晖，2011. 动物繁殖理论与生物技术 [M]. 北京：中国农业出版社．

赵明礼，2016. 同期发情及同期排卵-定时输精技术对奶牛繁殖效率的影响 [D]. 北京：中国农业科学院．

郑鸿培，2005. 动物繁殖学 [M]. 成都：四川科学技术出版社．

周虚，2015. 动物繁殖学 [M]. 北京：科学出版社．

朱化彬，刘长春，2013. 牛人工授精技术 [M]. 北京：中国农业出版社．

朱世恩，2016. 家畜繁殖学 [M]. 6版. 北京：中国农业出版社．

Alonso L，Maquivar M，Galina C S，et al，2008. Effect of ruminally protected Methionine on the productive and reproductive performance of grazing Bos indicus heifers raised in the humid tropics of Costa Rica [J]. Tropical Animal Health and Production，40(8)：667 - 672.

Ardalan M，Rezayazdi K，M Dehghan - Banadaky，2010. Effect of rumen - protected choline and methionine on physiological and metabolic disorders and reproductive indices of dairy cows [J]. Journal of Animal Physiology and Animal Nutrition，94(6)：e259 - e265.

Arechiga C，Ortiz C，Hansen P，1994. Effect of prepartum injection of vitamin E and selenium on postpartum reproductive function of dairy cattle [J]. Theriogenology，41(6)：1251 - 1258.

Armstrong J D，Goodall E A，Gordon F J，et al，1990. The effects of levels of concentrate offered and inclusion of maize gluten or fish meal in the concentrate on reproductive performance and blood parameters of dairy cows [J]. Animal Science，50(1)：1 - 10.

Arroyo A，Kim B，Yeh J，2020. Luteinizing Hormone Action in Human Oocyte Maturation and Quality：Signaling Pathways，Regulation，and Clinical Impact [J]. Reprod Sci，27(6)：1223 - 1252.

Beeckman A，Vicca J，Van Ranst G，et al，2010. Monitoring of vitamin E status of dry，early and mid - late lactating organic dairy cows fed conserved roughages during the indoor period and factors influencing forage vitamin E levels：Vitamin E content of forage in organic dairy farming [J]. Journal of Animal Physiology and Animal Nutrition，94(6)，736 - 746.

Benzaquen M，Risco C，Archbald L，et al，2007. Rectal temperature，calving related factors and the incidence of puerperal metritis in postpartum dairy cows [J]. Journal of Dairy Science, 90(6): 2804 - 2814.

Bloise E, Ciarmela P, Dela Cruz C, et al, 2019. Activin A in mammalian physiology [J]. Physiol Rev, 99(1): 739 - 780.

Bó G A, Mapletoft R J, 2013. Evaluation and classification of bovine embryos [J]. Anim Reprod, 10(3): 344 - 348.

Buckley C A, Schneider J E, 2003. Food hoarding is increased by food deprivation and decreased by leptin treatment in Syrian hamsters [J]. American Journal of Physiology - Regulatory, Integrative and Comparative Physiology, 285 (5): R1021 - R1029.

Cameron J L, Connie N, 1991. Suppression of pulsatile luteinizing hormone and testosterone secretion during short term food restriction in the adult male rhesus monkey(Macaca mulatta) [J]. Endocrinology, 128(3): 1532 - 1540.

Campbell M H, Miller J K, 1998. Effect of supplemental dietary vitamin E and zinc on reproductive performance of dairy cows and heifers fed excess iron [J]. Journal of Dairy Science, 81(10): 2693 - 2699.

Casarini L, Crépieux P, Reiter E, et al, 2020. FSH for the Treatment of Male Infertility [J]. International Journal of Molecular Sciences, 21(7): 2270.

Chacher B, Liu H, Wang D, et al, 2013. Potential role of N - carbamoyl glutamate in biosynthesis of arginine and its significance in production of ruminant animals [J]. Journal of Animal Science and Biotechnology, 4(1): 1 - 6.

Chester - Jones H, Vermeire D, Brommelsiek W, et al, 2013. Effect of trace mineral source on reproduction and milk production in Holstein cows [J]. The Professional Animal Scientist, 29(3): 289 - 297.

Das N, Kumar T R, 2018. Molecular regulation of follicle - stimulating hormone synthesis, secretion and action [J]. Journal of Molecular Endocrinology, 60(3): R131 - R155.

Denis - Robichaud J, Dubuc J, 2015. Randomized clinical trial of intrauterine cephapirin infusion in dairy cows for the treatment of purulent vaginal discharge and cytological endometritis [J]. Journal of Dairy Science, 98: 6856 - 6864.

Donato J Jr, Frazão R, 2016. Interactions between prolactin and kisspeptin to control reproduction [J]. Arch Endocrinol Metab, 60(6): 587 - 595.

Duffy D M, Ko C, Jo M, et al, 2019. Ovulation: Parallels With Inflammatory Processes [J]. Endocrine Reviews，40(2)：369 - 416.

F Lin，C - j Huang，C - s Liu，et al，2016. Laminin - 111 Inhibits Bovine Fertilization but Improves Embryonic Development in vitro，and Receptor Integrin - β1 is Involved in Sperm - Oocyte Binding [J]. Reproduction in Domestic Animals，51：638 - 648.

Filatov M，Khramova Y，Parshina E，et al，2017. Influence of gonadotropins on ovarian follicle growth and development in vivo and in vitro [J]. Zygote，25(3)：235 - 243.

Graham D A，2013. Bovine herpesvirus - 1(BoHV - 1)in cattle - a review with emphasis on reproductive impacts and the emergence of infection in Ireland and the United Kingdom [J]. Veterinary Ireland Journal，66：15 - 25.

Grattan D R，Szawka R E，2019. Kisspeptin and prolactin [J]. Seminars in Reproduction Medicine，37(2)：93 - 104.

Hamilton K J，Hewitt S C，Arao Y，2017. Estrogen hormone biology [J]. Current Topics in Developmental Biology，125：109 - 146.

Heralgi M，Thallangady A，Venkatachalam K，2017. Persistent unilateral nictitating membrane in a 9 - year - old girl：a rare case report [J]. Indian Journal of Ophthalmology，65(3)：253.

Heuer C，Schukken Y H，Dobbelaar P，1999. Postpartum body condition score and results from the first test day milk as predictors of disease，fertility，yield，and culling in commercial dairy herds [J]. Journal of Dairy Science，82(2)：295 - 304.

Kane K，Creighton K，Petersen M，et al，2002. Effects of varying levels of undegradable intake protein on endocrine and metabolic function of young post - partum beef cows [J]. Theriogenology，57(9)：2179 - 2191.

Kasimanickam R，Duffield T F，Foster R A，et al，2004. Endometrial cytology and ultrasonography for the detection of subclinical endometritis in postpartum dairy cows [J]. Theriogenology，62：9 - 23.

Lin F，Chen Y，Wang Z，et al，2021. The effect of exogenous melatonin on milk somatic cell count in cows [J]. Pakistan Veterinary Joura，41(1)：152 - 155.

Machaty Z，Peippo J，Peter A，2012. Production and manipulation of bovine embryos：techniques and terminology [J]. Theriogenology，78(5)：937 - 950.

Meira E，Henriques L，Sa L，et al，2012. Comparison of ultrasonography and histopathology for the diagnosis of endometritis in Holstein - Friesian cows [J]. Journal of Dairy Science, 95: 6969 - 6973.

Salehi R, Colazo M G, Gobikrushanth M, et al, 2017. Effects of prepartum oilseed supplements on subclinical endometritis, pro - and anti - inflammatory cytokine transcripts in endometrial cells and postpartum ovarian function in dairy cows [J]. Reproduction, Fertility, and Development, 29(4): 747 - 758.

Silva J F, Ocarino N M, Serakides R, 2018. Thyroid hormones and female reproduction [J]. Biology of Reproduction, 99(5): 907 - 921.

Silvestre F T, Carvalho T S, Crawford P C, et al, 2011. Effects of differential supplementation of fatty acids during the peripartum and breeding periods of Holstein cows: II. Neutrophil fatty acids and function, and acute - phase proteins [J]. Journal of Dairy Science, 94: 2285 - 2301.

Sinclair K D, Garnsworthy P C, Mann G E, et al, 2014. Reducing dietary protein in dairy cow diets: implications for nitrogen utilization, milk production, welfare and fertility [J]. Animal An International Journal of Animal Bioscience, 8(02): 262 - 274.

Sue Carter C, 2018. Oxytocin and Human Evolution [J]. Current Topics in Behavioral Neurosciences, 35: 291 - 319.

Tordjman S, Chokron S, Delorme R, et al, 2017. Melatonin: Pharmacology, Functions and Therapeutic Benefits [J]. Current Neuropharmacology, 15 (3): 434 - 443.

Wiltbank M C, Pursley J R, 2014. The cow as an induced ovulator: Timed AI after synchronization of ovulation [J]. Theriogenology, 81(1): 170 - 185.

Yasothai R, 2014. Importance of protein on reproduction in dairy cattle [J]. International Journal of Science, Environment and Technology, 3: 2081 - 2083.

Yu K, Deng S L, Sun T C, et al, 2018. Melatonin regulates the synthesis of steroid hormones on male reproduction: a review [J]. Molecules, 23 (2): 447.

Zanton G I, Bowman G R, Vazquez - Anon M, et al, 2014. Meta - analysis of lactation performance in dairy cows receiving supplemental dietary methionine sources or postruminal infusion of methionine [J]. Journal of Dairy Science, 97(11): 7085 - 7101.

奶牛繁殖系统概述

奶牛内分泌原理